보태니컬 아트와 함께하는

야채의 이름

Name of the vegetable

KODOMO TO ISSHONI OBOETAI YASAI NO NAMAE

©MILESTAFF 2023
Korean translation rights arranged with MILESTAFF
through Japan UNI Agency, Inc., Tokyo

보태니컬 아트와 함께하는

야채의 이름

―――――

Name of the vegetable

감수 이나가키 히데히로
그림 산탄 에이지 옮긴이 명다인

들어가며

당신이 알고 있는 야채는 어떤 것이 있을까?
식탁에 자주 올라오는 양배추, 상추, 고구마 등등 여러 가지가 떠오른다.

그런데 그 양배추나 상추나 고구마에서 어떤 꽃이 피는지 알고 있을까?
어른이어도 잘 모를 수 있다.

평소 가게에서 보는 야채는
깔끔하게 잘 다듬어져 진열되어 있고 집에 들고 가기 편하게 비닐에 담아 팔고 있다.
그런데 이 모습은 그들의 일부에 불과하다.

야채도 꽃을 피운다.
하지만 야채 대부분은 꽃을 피우기 전의 것으로, 아직 어리고 성숙하지 않다.
풀꽃과 다르게 처음부터 먹기 위해 키워졌고 사람들 손에 개량되어 상품이 되었다.

식물의 가장 찬란한 순간은 꽃이 피는 순간.
꽃이 지면 열매를 맺고 씨를 남긴다.

야채도 한때는 야생에 사는 식물이었다.
그 흔적은 제철이 지난 뒤에야 느낄 수 있다.

잘 알고 있다고 생각한 야채들이 눈 깜빡일 때마다 변신해서
색깔이 바뀌거나, 크기가 커지거나, 꽃을 피운다.
완전히 다른 야채인데 꽃이 똑같이 생겼거나,
모양이 닮은 야채인데 꽃은 완전히 다르게 생긴 것도 있다.
이런 변화에 놀랄 것이다.
야채도 식물이었다는 것을 알게 될 것이다.

책을 읽고 나면 조금은 야채를 알게 될지도 모른다.
그렇게 되도록 도움이 되었으면 한다.

목 차

들어가며 -------------------- 004
마트에서 팔고 있는 야채도 살아 있다 ---- 010

양배추 -------------------- 012
양파 -------------------- 016
죽순 -------------------- 020
완두 -------------------- 024
우엉 -------------------- 028
딸기 -------------------- 032
상추 -------------------- 036
감자 -------------------- 040

잠두 -------------------- 044
아스파라거스 -------------------- 048
토마토 -------------------- 052
수박 -------------------- 056
오크라 -------------------- 060
옥수수 -------------------- 064
풋콩 -------------------- 068

가지 ---------- 072	서양 호박 ---------- 096
피망 ---------- 076	고구마 ---------- 100
고추 ---------- 080	땅콩 ---------- 104
여주 ---------- 084	곤약 ---------- 108
오이 ---------- 088	당근 ---------- 112
토란 ---------- 092	연근 ---------- 116

참마 ---------------------- 120
시금치 -------------------- 124
브로콜리 ------------------ 128
무 ------------------------ 132
순무 ---------------------- 136
쑥갓 ---------------------- 140

왜 야채를 먹을까? ---------- 144
마지막으로 ---------------- 146

※본지에 있는 <키우기 쉬워요>의 표시는 ◆ 수가 많을수록 간단하다는 의미입니다.
※국내 생산지와 제철 정보는 한국 농수산식품유통공사의 데이터를 참조했습니다.

마트에서 팔고 있는
야채도 살아 있다

학생이었을 때 친구와 쓰레기 더미에 외롭게 피어 있는 노란꽃을 본 적이 있다. 저게 뭘까 궁금해서 쓰레기 더미를 들여다보았는데 놀랍게도 오래된 배추 잔여물이었다. 배추 줄기에서 꽃이 핀 것이었다. 마트에서 파는 야채가 여태껏 살아 있고 흙도 없이 꽃을 피우다니 신기했다.

조금 오래된 감자에서 싹이 난다는 것은 비교적 많은 사람이 알고 있다. 그대로 두면 싹이 더 자라다 이내 줄기가 나오고 꽃이 핀다. 그런데 배추에서 꽃이 피다니 너무도 낯설게 느껴졌다.

감자꽃이 어떻게 생겼는지 알고 있을까? 어떤 야채의 꽃과 똑같이 생겼다. 그리고 감자꽃이 시든 자리에 열리는 열매는 뜻밖의 야채와 똑같이 생겼다. 열매에는 씨가 있다. 감자 덩어리에서 싹이 나왔는데 그렇다면 씨가 아니었다는 걸까? 그럼 그 땅 위에 생긴 씨는 정체가 무엇일까? 이런 의문들은 이 밖에도 더 있다.

야채는 아주 복잡한 상황에 놓여 있다. 야채는 인간의 동반자로서 인간의 손에 자란 식물이다. 동물로 비유하면 반려동물로 살아가는 개와 같다. 개의 경우, 사람을 물지 못하는 얌전하고 순종적인 개체를 우선해서 품종 개량을 하고 인간의 편의에 맞게 길들였다. 그 결과 개는 야생 동물에게 없는 특징을 가지게 되었다. 야채 역시 인간이 쉽게 키울 수 있고, 맛있고, 다른 생물에게 먹히기 쉬운 방향으로 다양한 변화를 이루어 냈다. 그러나 야생의 흔적은 여전히 남아 있다. 우리 집 부엌과 냉장고에 있는 그 야채는 어떤 특징을 가지고 있을까? 당신이 모르던 반전 매력이 있을 수도 있다.

CABBAGE
Brassica oleracea var. capitata

양배추

십자화과

키우기 쉬워요 ◆◆◇

양배추꽃은 어디에 필까?

눈에 익은 양배추.
그러고 보니 식물인데 조금 신기하다.
식물이면 꽃도 피고 씨도 있기 마련인데
둥글게 포개진 잎들 사이에서 어디로 꽃이 피는 걸까?
가만 보니 특이하게 생겼다.

원산지 유럽
주요 생산지 일본 군마, 아이치, 지바 | 한국 제주, 강원 평창, 전남 해남, 충남 서산
제철 일본 연중(봄 양배추는 3~5월) | 한국 6~10월
재배법 햇빛이 잘 드는 밭에 모종을 심어 키운다. 해충의 피해가 커서 방충망을 설치하거나 주기적으로 해충을 박멸한다.
크기 30~40cm
생육 적정 온도 15~20℃
식용 부위 잎
다른 명칭 감람, 양백채
꽃말 이익

양배추 CABBAGE

일본인이 가장 많이 먹는 잎야채

어느 요리에나 잘 어울려서 냉장고에 항상 있는 야채. 잎야채 가운데서도 가장 많이 소비된다. 그도 그럴 게 양배추는 쓰임새가 많다. 야채볶음, 양배추 롤, 돈가스나 튀김 요리에 곁들이거나 샐러드로 먹는 등 일본인은 얇게 썬 생양배추를 즐겨 먹는다. 그에 반해 외국에서는 생양배추를 먹는 일이 드물며 토끼의 먹이 정도로 인식한다. 하지만 일본인의 양배추 먹는 법은 훌륭하다. 양배추에는 소화를 돕는 아밀라아제와 위장을 진정시키는 비타민 U가 들어 있어 기름기 많은 돈가스나 튀김 요리를 먹을 때 얇게 썬 양배추를 곁들이면 궁합이 좋다.

양배추 잎은 왜 둥글까?

양배추 잎은 안으로 단단히 말려 있다. 얇게 썰기에 좋은 모양이지만, 생으로 먹지 않는 유럽산 양배추를 채썰기 쉽게 하려고 품종 개량을 했다고 보기는 어렵다. 그렇다면 양배추는 왜 둥글까? 또 잎이 자라나는 원줄기는 어디에 있을까? 양배추를 반으로 썰면 말려진 잎 속에 굵은 심이 있다. 바로 양배추 줄기다. 여기서 잎이 한 장씩 자라는데, 처음 태어난 잎의 성장 속도에 비해 줄기는 짧고 많이 커지지도 않아서 잎이 점점 안으로 말릴 수밖에 없다.

꽃

4~6월. 십자화과의 특징인 십자형 노란색 꽃이 핀다. 유채꽃보다 연한 노란색이다.

씨

꽃이 지면 얇고 긴 꼬투리가 생긴다. 꼬투리 안에는 사진과 같은 씨가 여러 개 있다.

잎

잎 하나하나가 둥글고 크다. 햇빛을 많이 받는 겉잎일수록 진한 녹색이고 단단하다.

게다가 겉잎은 햇빛을 받아 더욱 커지고, 옆으로 자랄 수 없는 둥근 잎은 서서히 안으로 눕다가 이내 둥글어진다. 이런 형태가 운반과 보관에 용이하고 잎도 부드럽고 맛있기 때문에, 지금처럼 완전히 둥글어진 양배추가 선택을 받아 남게 되었다.

양배추꽃을 잘 보면 무언가와 닮았다

잎이 둥그런 양배추를 그대로 땅에 심고 기다리면 이번에는 잎들이 점점 벌어지면서 활짝 펼쳐진다. 중심부 줄기에서 피어나는 노란색 꽃은 유채꽃을 닮았다. 양배추는 호박, 무, 브로콜리, 소송채, 배추와 같은 십자화과 야채다. 네 장의 꽃잎은 십자 모양으로 핀다. 십자화과 야채는 생김새나 형태는 다른데 꽃은 모두 비슷하게 생겨서 신기하다.

양배추 실험을 해 보자

양배추를 다시 살리자
당근 등은 꼭지 부분을 따서 물에 담가두면 잎이 난다. 양배추도 똑같다. 양배추 심을 물에 담가두면 잎이 나고, 화분에 심어 키우면 둥그런 양배추가 되거나 꽃이 핀다.

©ayaco_halu

열매 맺는 방법
모종일 때는 잎이 바깥으로 펼쳐져 있다. 잎이 일어서기 시작하면 나중에 자란 잎은 공 모양처럼 안으로 말린다.

밭의 모습
계절이나 기후에 따라 재배법, 품종, 지역을 바꾸면서 일 년 내내 재배한다. 제철은 5~9월이다.

양배추와 닮은 식물

[방울다다기 양배추]
양배추의 친척으로 작은 양배추가 줄기에 오밀조밀 모여 자란다. 맛은 비슷하지만 생으로 먹기에는 적절치 않다.

ONION

Allium cepa

양파

수선화과

키우기 쉬워요 ◆◆◆

사람을 울리는 야채

양파를 썰면 눈물이 난다.
누구나 아는 상식이지만 잘 생각해 보면 엄청난 이야기다.
조금만 썰어도 눈물이 흐르다니 방범용 최루 스프레이
버금가는 위력을 도마 위에서 선보이는 셈이다.

원산지 중앙아시아
주요 산지 일본 홋카이도, 사가, 효고 | 한국 전남 무안, 경남 창녕, 제주 등
제철 일본 3~5월 | 한국 5월 중순 이후
재배법 햇빛이 잘 드는 장소에 모종을 심어 키운다. 옮겨심기는 늦가을부터 초겨울에 한다.
크기 50~60cm
생육 적정 온도 15~20℃
식용 부위 잎(비늘줄기)
다른 명칭 양총, 혼제총, 옥총
꽃말 불사, 영원

양파 ONION

어떤 부분을 양파라고 할까?

겹겹이 싸여 있는 양파. 둥글어서 '열매'라고 생각할 수도 있지만 열매가 아니다. 꽃이 지면 생기고 그 속에 씨가 있는 것이 열매다. 그럼 땅속에 묻혀 있으니까 뿌리일까 싶은데 뿌리도 아니다. 양파의 뿌리는 양파보다 더 밑에 삐쭉 나온 부분이다. 그렇다면 줄기일까? 그것도 아니다. 양파 맨 밑에 있는 단단한 심이 줄기다. 그러면 도대체 어떤 부분을 양파라고 하는 걸까? 바로 잎의 일부다. 위로 자라는 파처럼 생긴 부분도 잎이다. 파처럼 생긴 부분도. 땅속에 묻힌 둥근 부분도 모두 잎이다. 양파는 잎의 뿌리가 둥글어진 야채다.

엄청난 힘이 숨어 있다

양파도 '파'이기는 하지만 맛과 특징은 다르다. 양파의 원산지인 중앙아시아는 건조한 지대이므로 껍질에 겹겹이 싸여 장기 보관이 가능한 양파는 유용하게 쓰였다. 파는 한 달 동안 보관하면 말라비틀어질 것이다. 고대 이집트에서는 까고 또 까도 사라지지 않는 양파를 영원의 상징으로 받아들여 미라 제조에도 사용했다고 한다. 또 양파나 마늘즙에는 항생 물질이 약하게 들어 있어 옛날에는 전쟁에서 상처를 소독할 때 양파와 마늘을 이용했다고 한다.

꽃
6~7월. 맨 꼭대기에 둥근 큰 꽃이 핀다. 하얀 별 모양의 작은 꽃이 옹기종기 모여 있다. 일명 둥근 꽃이다.

씨앗
꽃 속의 암술과 수술이 부풀어 씨가 된다. 바람에 꽃이 흔들릴 때마다 씨가 주변으로 흩어져 날아간다.

잎
원통형에 곧게 서 있고 높이 약 50cm까지 성장한다. 양파 잎은 파보다 가늘고 속이 비어 있어 잘 쓰러진다.

도마 위에서 화학 반응을 일으킨다?!

양파를 썰면 왜 눈물이 왈칵 날까? 양파는 세포가 파괴될 때 세포 안에 있는 '알리신'이라는 물질이 효소로 인해 화학 반응을 일으키면서 휘발성 최루 물질로 변한다. 동물이나 곤충이 먹지 못하도록 막는 방어 수단인 셈이다. 이 강렬한 공격에 호되게 당하면 두 번 다시 양파를 먹지 않는다. 그런데도 양파를 좋아하는 생물이 있다. 인간과 바퀴벌레다. 바퀴벌레가 양파의 자극적인 냄새를 좋아한다는 특성을 이용해 붕산을 활용한 바퀴벌레 퇴치용품이 있다. 또 인간은 양파를 볶을 때 생기는 감칠맛 성분과 깊고 진한 맛에 길들어져 수프나 볶음 요리에 꼭 양파를 쓴다. 혈액 순환을 돕는 효과도 있어 부지런히 챙겨 먹기까지 한다. 양파 입장에서는 예상 밖의 존재였을 것이다. 참고로 눈물이 나지 않으려면 양파를 차갑게 해두면 된다. 이 또한 인간이기에 가능한 일이다.

양파 실험을 해 보자

수경재배를 해 보자
히아신스(hyacinth, 비짜루과 여러해살이풀)처럼 양파를 수경으로 재배하면 양파의 전체적인 생김새를 알 수 있다.

껍질로 천을 염색하자
요리할 때 버리는 양파 껍질을 물에 끓여 천을 담그고 명반을 풀면 고운 노란색으로 천이 물든다. 색 바랜 노란 티셔츠나 손수건도 노랗게 물들일 수 있다.

양파와 닮은 식물

[파]
파의 흰 줄기는 땅속에 묻혀 있던 부분으로, 파의 잎과 같은 부위다.

[수선화]
정원에 같이 심었다가 양파로 착각하고 먹는 사고가 드물게 발생한다. 수선화에는 독성이 있다.

열매 맺는 방법
땅속에서 엽초라 불리는 부분이 성장하면서 계속 겹쳐지고 점점 공처럼 둥글어진다.

밭의 모습
양파가 자라면 절반 정도는 땅 위로 드러난다. 양파꽃이 피기 전에 수확한다.

BAMBOO SHOOT

Phyllostachys heterocycla

죽순

볏과

키우기 쉬워요 ◆◇◇

순간의 기회를 놓쳐서는 안 된다

죽순은 대나무의 새싹.
대나무는 하루에 1미터씩 자랄 때도 있다.
그러니 타이밍이 아주 중요한 음식이다.
땅 위로 얼굴을 내밀기 전, 갓 태어난 순간에 땅속에서 발견해 캐낸다.
태평하게 제철을 따질 때가 아니다.

원산지 일본, 중국
주요 산지 일본 후쿠오카, 가고시마, 구마모토 | 한국 충남 서산, 전남 담양, 경남 거제 등
제철 일본 3~5월 | 한국 5월 중순~6월
재배법 땅에 심는 방법도 있지만 땅속 줄기가 단단해서 일반적인 방법은 아니다.
크기 2~10m
생육 적정 온도 16~20℃
식용 부위 줄기(새싹)
다른 명칭 죽태(竹胎), 죽자(竹子), 죽아(竹芽)
꽃말 절도(節度), 지조

죽순 BAMBOO SHOOT

죽순은 왜 성장이 빠를까?

키가 빨리 자랄 때 '죽순'에 비유하곤 한다. 죽순의 성장 속도는 아무튼 빠르다. 죽순에 외투를 걸쳐 놓고 낮잠을 자고 일어났더니 외투에 손이 닿지 않았다는 우스갯소리도 있을 정도다. 하루에 1미터 이상 자라기도 하는 경이로운 속도. 그 신비로움 때문에 일본의 전래동화 '가구야 공주 이야기'(*<가구야 공주 이야기>에서 대나무 속에 있는 여자 주인공 '가구야'가 반나절 만에 손가락만 한 크기에서 아름다운 인간 소녀로 성장합니다)에 등장한 것일지도 모른다. 아무리 그래도 죽순은 왜 이렇게 빨리 자랄까? 일반적인 식물의 줄기 끝부분에는 한 개의 성장점이 있다. 이 성장점의 세포가 분열하면서 식물이 조금씩 성장한다. 그런데 죽순은 성장점이 여러 개다. 죽순의 마디가 그 증거다. 대나무 한 그루에 마디가 열 개 있으면 열 군데 모두 성장한다. 게다가 땅속줄기로 에너지가 저장해 두어 단숨에 자랄 수 있다. 죽순은 성장 촉진 호르몬도 가지고 있다.

탈피와 동시에 30일 만에 대나무가 되고, 60년에 딱 한 번 꽃이 핀다

죽순에서 대나무로 변신하는 기간은 30일. 죽순의 껍질은 멧돼지를 비롯한 야생 동물에게 먹히지 않기 위한 방어복이다. 키가 클 때마다 껍질이 한 장씩 저절로 벗겨지고, 모두 벗겨졌을 때는 훌륭한 대나무가 되어 있다. 이렇게 빠르게 성장하는 대나무인데 꽃이 피는 속도는 느리다. 무려 60년에 딱 한 번만 핀다. 심지어 꽃이 피면 동시에

꽃

대나무꽃은 볏과 꽃의 특징을 가진다. 꽃잎이 없고 여러 개의 꽃이삭이 이어져 있다.

씨앗

꽃이 지면 대량의 씨가 흩어진다. 볏과 식물이므로 벼와 비슷하게 생겨서 쥐가 많이 생긴다는 이야기도 있다.

잎

잎 뒷면에 약간의 털이 나 있다. 대나무 줄기는 생장이 끝나면 매년 가지가 갈라지면서 자란다.

대나무 숲은 시든다. 옛날 사람들은 이를 흉조라고 여기고 두려워했다. 하지만 잘 생각해 보면 해바라기도 꽃이 피면 이내 시들어 씨를 뿌리고 생을 마감한다. 같은 이치다. 대나무는 겉으로 여러 그루처럼 보여도 사실 땅 밑에서는 하나로 이어져 있기 때문에 하나의 대나무인 경우가 많다. 꽃이 피고 씨를 만드는 임무가 끝나면 시든다는 단순한 이야기다.

대나무를 쓰지 않아 산이 엉망이 되다

옛날에는 산이 가까이 있는 마을에서 생활했기 때문에 죽순을 캐는 일은 어렵지 않았다. 죽순의 껍질에는 방부제 효과가 있어 대나무 껍질로 주먹밥을 싸는 등 대나무를 세밀하게 가공해서 사용했다. 지금은 사람들이 산에서 멀어져서 대나무를 사용할 일이 없어졌다. 그래서 대나무가 한도 끝도 없이 자라나 산이 엉망이 되어가고 있다. 대나무꽃이 피고 다 같이 말라 죽는 데 걸리는 시간은 60년. 경기 순환도 대략 60년 주기라고 한다. 참 이상한 우연이다.

죽순 실험을 해 보자

껍질이 있는 죽순을 사보자

껍질이 있는 죽순이 있으면 껍질을 얇게 벗겨 보자. 먹을 수 있는 부분은 어디부터일까? 또 죽순을 반으로 썰면 껍질이 몇 겹이고 마디가 몇 개인지 알 수 있다.

죽순과 닮은 식물

[조릿대]

대나무와 거의 동일한 식물. 키가 작고 가늘다. 조릿대는 일본의 명절 다나바타(음력 7월 7일)에 사용된다. 대나무와 달리 껍질이 벗겨지지 않는다.

열매 맺는 방법

땅속줄기에 마디가 있다. 이 마디에 뿌리와 싹이 웅크리고 있다. 땅속줄기에서 온몸으로 영양을 일제히 공급할 수 있다.

밭의 모습

대나무를 키우는 밭은 없고, 산에 있는 대나무를 사용한다. 지역과 품종에 따라 채취 시기가 다르다.

PEA

Pisum sativum

완두

콩과

| 키우기 쉬워요 ◆◆◆ |

백설콩이 완두가 된다고?

어른, 아이 할 거 없이 인기가 있는 풋콩에 비하면 완두는 불쌍하다. 많이 먹지도 않는데 이름만 많아서 헷갈린다.
"그래서 완두가 어떤 거더라?"

원산지 중앙아시아부터 북아프리카 및 서아시아
주요 산지 일본 가고시마, 아이치 | 한국 충남 보령, 충남 예산 등
제철 일본 4~9월 | 한국 6~7월
재배법 화분에서 재배 가능하다. 새를 쫓아내기 위해 그물 등을 설치한다. 덩굴을 지지대로 유인한다.
크기 1.5~2m
생육 적정 온도 15~20℃
식용 부위 과실
다른 명칭 그린 피스, 풋콩, 두묘(더우미아오)
꽃말 영원한 즐거움, 약속

완두 PEA

의외로 어른도 모르는 사실

콩(대두)은 성장기에 따라 풋콩, 콩나물이라는 다른 이름이 있듯이, 완두도 성장 시기에 따라 이름이 달라진다. 완두의 새싹은 '두묘', 아직 덜 여문 납작한 꼬투리는 '백설콩', 성장하면 '완두콩', 완전히 성숙하기 전에 씨만 제거했을 때는 '그린 피스'라고 부른다. 이렇게 이름을 구분하는 이유는 그만큼 콩과 완두가 오래전부터 일본인에게 익숙한 식재료라는 증거이기도 하다. 하지만 예전만큼 콩을 먹지 않는 요즘은 어른도 이 이름들을 잘 모른다. 그리고 완두콩은 일본에서 '엔도마메(豌豆豆)'라고 하는데, 한문 표기를 보면 모든 글자에 콩(豆)이 들어가 있다.

콩과 식물의 귀여운 꽃은 조건이 좋은 상대를 고른다

콩과 식물의 꽃은 나비처럼 아름답다는 특징이 있다. 나비의 날개를 펼쳐 놓은 듯한 꽃잎은 곤충들 사이에서 가장 똑똑한 벌에게 '나 여기 있다'고 알리는 깃발과도 같다. 중앙에는 암술과 수술을 숨기고 돌출된 꽃잎이 있다. 벌이 내려앉으면 꽃잎은 아래로 내려가고 안에 있는 꿀을 넘기는 대신 벌의 몸통에 꽃가루를 묻힌다. 머리가 좋

꽃
3~5월. 꽃 색깔에는 자주색과 흰색이 있다. 나비처럼 생긴 꽃잎이 특징이다.

씨앗
그린 피스가 완전히 성숙해지고 건조하면 씨가 된다. 꼬투리 안에 씨가 빈틈없이 꽉 차 있다.

잎
잎 끝부분에 덩굴손이 있다. 주변에 있는 것을 휘감는 특성이 있어 지지대나 대나무 등을 세운다.

은 벌은 맛있는 꿀을 먹은 꽃의 특징을 기억해 두고, 나중에 그 꿀을 찾을 때 동일한 특징을 가진 꽃에게 날아간다. 벌에게 꿀을 주면 수분(受粉)의 성공 확률이 다른 곤충보다 월등히 높아진다.

콩과 중에서도 특이한 수분 방법

얼핏 완두꽃을 보면 다른 콩과의 꽃들과 똑같아 보인다. 하지만 완두꽃에는 아주 다른 점이 있다. 다른 콩과의 꽃들은 수분할 때 영리한 벌을 짝꿍으로 고르는데, 완두꽃은 벌이 앉아도 꽃잎이 내려가지 않는다. 게다가 꿀도 준비해 두지 않는다. 완두는 벌에게 의지하지 않고 자가수분(꽃이 필 때 스스로 수분한다)하는 방법을 선택했다. 인간에게 재배되는 완두가 살아남으려면, 들판에 피는 꽃처럼 벌에게 의지하기보다 스스로 자신과 똑같은 콩을 만들어 내는 방법이 더 좋은 대책이라는 이야기다.

완두 실험을 해 보자

마트에서 산 그린 피스에서도 싹이 난다?
(되도록 꼬투리가 있는) 생 그린 피스를 물에 담가놓고 며칠 동안 기다리면 새싹이 난다. 이 새싹을 흙에 옮겨 심으면 키울 수도 있다.

돋보기로 꽃을 관찰한다
완두를 키울 기회가 있으면 돋보기로 확대해 꽃의 복잡한 구조를 살펴보자. 생김새를 알아두면 콩과의 다른 꽃과 구분할 수 있다.

완두와 닮은 식물

[살갈퀴]
공원의 구석진 곳 등에서 자라는 잡초. 크기가 작은 꽃이지만 자세히 보면 꽃과 꼬투리는 완두와 굉장히 비슷하다.

열매 맺는 방법
꽃 속의 암꽃술 아랫부분이 부풀어 올라 성장하면 작은 꼬투리가 된다. 어릴 때는 풋강낭콩이라고 부른다.

밭의 모습
덩굴성이므로 주변에 있는 것을 꽉 붙잡고 자란다. 지지대가 없으면 제대로 자라지 않는다. 제철은 5~6월과 9~10월.

BURDOCK

Arctium lappa

우엉

국화과

키우기 쉬워요 ◆◆◇

일본과 한국에서만 우엉을 먹는다

그냥 보면 흙투성이 나무뿌리 같은데 당근이랑 볶아
반찬으로 먹어도, 튀겨 먹어도 맛있다.
하지만 우엉을 먹는 나라는 이 세상에서 일본과 한국 정도.
이참에 일본의 식문화를 모르는 외국인에게
"난 매일 우엉을 먹어" 라고 말해 보면 어떨까?
그럼 깜짝 놀라 물어보겠지.
"나무뿌리처럼 생긴 그걸 말이야?"

원산지 유라시아 대륙
주요 산지 일본 아오모리, 이바라키, 홋카이도 | 한국 경기 구리, 경북 안동, 경남 진주 등
제철 일본 4~6월, 11~2월 | 한국 1~3월
재배법 햇볕이 드는 밭에 씨를 심어 키운다. 초보자는 봄에 심기를 권장한다.
크기 70~80cm
생육 적정 온도 20~25℃
식용 부위 뿌리
다른 명칭 우방, 우웡, 우채
꽃말 인격자, 괴롭히지 마세요, 끈질기게 매달리다

우엉 BURDOCK

외국인이 놀라는 우엉을 먹는 문화

일본은 세계적으로도 독자적인 식문화를 가지고 있다. 그 흔한 날달걀도 외국에서는 낯설어한다. 끈적끈적한 낫토(발효시킨 콩)에 날달걀을 섞어서 보여주면 분명 흠칫할 것이다. 게다가 맹독이 있는 복어까지 먹으니 '일본인은 정신이 나갔다!'며 놀라지 않을까? 이렇게 소스라치게 놀라는 일본 음식 중 하나가 우엉이다. 진흙투성이에 질긴 나무뿌리 같은 우엉을 어떻게 요리해 먹을지 짐작조차 못 한다. 실제로 제2차 세계대전 중 포로에게 우엉을 먹인 군인이 포로 학대 혐의로 기소되기도 했다. 이제는 유럽이나 미국, 중국 등에서도 우엉을 한방이나 허브 재료로 사용하고 있지만 여전히 요리 재료로는 사용하지 않는다. '나는 것은 비행기 빼고, 네 발 달린 것은 책상 빼고 다 먹는다'는 중국인조차 우엉을 먹을 생각은 하지 않았다.

이렇게 우수한 식재료를 먹지 않는다니!

그러나 우엉은 매우 우수한 식재료다. 일단 야채 중에서 식이섬유가 가장 많다. 장의 움직임을 원활하게 만들어 노폐물을 배출시키고, 칼로리가 낮아 다이어트 음식으로도 인기 있다. 비타민과 미네랄은 물론 폴리페놀도 있어

꽃
7~9월. 우엉을 수확하지 않고 그대로 두면 사람의 키만큼 자라고, 그다음 해에 엉겅퀴를 닮은 자주색 꽃이 핀다.

씨앗
꽃이 지면 약 2cm 정도 되는 수많은 씨로 꽉 차 있는 열매가 생긴다. 옷에 붙으면 잘 떨어지지 않는다.

잎
뿌리 끝에서 긴 줄기가 나오고 하트형 잎들이 무성해진다. 크기가 큰 잎은 40cm 정도 된다.

노화 방지 효과를 기대할 수 있다. 게다가 소취 효과를 이용해 떫고 쓴맛을 없앨 수 있다. 비린내가 심한 고기나 생선 등을 요리할 때 우엉을 쓰면 비린내가 많이 사라진다. 외국에서 한방이나 허브 재료에 쓰일 만큼 건강에 좋다는 사실이 이미 증명되었는데도 우엉을 먹지 않는다면 손해다.

꽃은 아름답고 엉겅퀴같이 생겼다

우엉꽃은 상상했던 것과는 달리 아름답다. 생김새는 엉겅퀴꽃과 거의 똑같다. 의외인 점은 우엉도 엉겅퀴도 모두 국화과라는 사실이다. '뭐? 국화과? 둘이 완전히 다르게 생겼는데?' 라고 생각할 수도 있다. 국화과는 세상에서 가장 큰 식물 집단 중 하나다. 민들레, 코스모스, 해바라기, 쑥, 돼지풀 모두 국화과다. 엉겅퀴꽃이 열매를 맺으면 낚싯바늘처럼 생긴 가시가 옷가지 등에 달라붙어 있다가 씨를 퍼뜨린다. 그래서 꽃말도 '끈질기게 매달리다'다. 중국에서는 '악질'로 통하고 미국에서는 위험한 잡초로 취급한다.

우엉 실험을 해 보자

우엉의 소취 효과를 실험해 보자

우엉의 소취 효과를 실험하기 위해 냄새가 심한 액체에 우엉을 썰어서 넣으면 악취가 사라진다. 미꾸라지 전골 요리에 우엉이 들어가는 이유도 비린내를 없애기 위해서다.

우엉과 닮은 식물

[엉겅퀴]

꽃 자체는 비슷하게 생겼지만 잎은 뾰쪽뾰쪽하고 얇고 짧다. 엉겅퀴 뿌리는 산우방이라고 해서 절임 요리에 쓰이기도 한다.

열매 맺는 방법
뿌리는 약 30cm~1m 가까이 자란다. 사진은 육질이 부드러운 품종인 샐러드 우엉(파종 후 8개월 이내에 수확한 우엉-옮긴이)이다.

밭의 모습
저장해 둔 우엉을 일 년 내내 출하하고 있지만 원래는 10~2월이 제철이다. 육질이 부드럽고 하얀 여름 우엉의 제철은 3~8월이다.

STRAWBERRY

Fragaria × ananassa

딸기

장미과

키우기 쉬워요 ◆◆◆

야채라고는 하지만 인정할 수 없어

모두가 사랑하는 딸기.
달콤하고 상큼한 맛이 나고 케이크에도 장식으로 올리는데,
요리 보고 조리 보아도 과일 같다.
딸기는 왜 야채일까?

원산지 미국
주요 산지 일본 도치기, 후쿠오카, 구마모토 | 한국 경남 거창, 경남 산청 등
제철 일본 4~6월 (유통은 12~4월) | 한국 12~6월
재배법 화분에서 재배 가능하다. 러너(runner, 포복경)를 안쪽으로 심으면 화분의 가장자리에서 아래로 축 처지듯 열매가 난다.
크기 20~30cm
생육 적정 온도 17~20℃
식용 부위 과실
다른 명칭 양딸기
꽃말 행복한 가정, 선견지명, 존중과 애정

딸기 STRAWBERRY

과일과 야채는 무엇이 다를까?

세상엔 이해하기 힘든 일이 많은데 야채의 분류법도 그중 하나다. 수박은 참외의 친척이니까 나름 이해되지만, 딸기만큼은 아무래도 인정하기가 힘들다. 딸기는 장미과다. 복숭아, 사과, 배 등의 과일 역시 장미과다. 그런데 왜 딸기만 야채가 되었을까? 그 답은 나무가 되느냐, 풀이 되느냐의 차이에 있다. 기본적으로 '나무'에서 나면 과일이고 '풀'에서 나면 야채가 된다.

딸기의 열매는 어디 있을까?

우리가 맛있게 먹는 빨간 부분은 과실이 아니다. 딸기의 깨알들이 '열매'고, 이 안에 씨가 한 알씩 들어 있다. 그렇다면 우리가 먹는 빨간 부분은 무엇일까? 바로 위과, 가짜 과실이다. 동물이 딸기를 통째로 먹으면 씨도 덩달아 이동될 수 있게끔 꽃받침이 빨갛고 단맛 나게 변한 것이다. 먹는 입장에서는 어떤 부분을 먹는지 아는 것보다 달고 맛있는지가 중요하다. 딸기에 박힌 깨알을 일일이 떼어내고 먹는 사람은 없을 것이다. 따라서 딸기 한 개를 먹으면 백 개 이상의 씨가 든 열매를 먹은 것이나 다름없다. 참고로 딸기에서 씨를 빼내 흙에 심으면 싹이 나와서 딸기를 키울 수도 있다. 다만 이미 먹은 딸기와 똑같은 딸기는 아니다. 일반적으로 딸기는 모종에서 돋아난 가로로

꽃
2~4월. 다섯 장의 흰색 꽃잎들 중앙에 머지않아 딸기가 될 부분이 있다.

씨앗
딸기의 빨간 표면에 있는 작은 깨알이 진짜 과실이다. 씨는 더 안쪽에 있다.

잎
잎맥이 있는 세 장의 잎. 어미 묘에서 러너라는 덩굴을 뻗어 새끼묘를 만들고 늘려간다.

뻗어나는 러너라는 줄기가 자라고, 그 끝부분에서 새끼묘를 만들어 늘려 나가는 방식을 취한다. 그렇다면 씨는 무엇을 위해 사서 고생해서 달콤한 위과를 만드는 걸까? 자신의 주변에 분신을 늘려서 동물이 씨를 먹도록 하고 먼 곳에서 발아하는 방법이 더 편한데 말이다. 이렇게 보니 딸기는 외길 인생이다.

딸기의 진짜 제철은 봄부터 초여름

딸기를 열 개 먹으면 하루에 필요한 비타민 C가 모두 충족된다. 비타민 C는 여름철 자외선을 차단하는 데도 좋다. 딸기의 본래 제철은 봄부터 초여름이다. 여름에 비타민 C가 풍부한 딸기를 먹는 건 이치에 맞는 일이었다. 그런데 딸기가 쇼트케이크에 쓰이게 된 후로 딸기의 수요가 겨울로 바뀌더니 지금은 정반대의 계절에도 유통되고 있다. 마트에서 파는 딸기는 대부분 온실 하우스에서 재배된다.

딸기 실험을 해 보자

귀여운 단면이 보이는 디저트를 만들자

딸기를 세로 또는 가로로 자르느냐 따라 모양이 상당히 달라진다. 파르페, 젤리, 무스 등을 만들 때 자른 딸기의 단면을 유리컵에 붙여 보자.

딸기잼을 만들어 보자

냄비에다, 세척하고 꼭지를 제거한 딸기 한 팩당 설탕을 작은 스푼으로 한 숟갈 냄비에 넣는다. 그리고 나무 주걱으로 으깨면서 약불에 10분 조린 뒤, 레몬즙을 넣고 10분 더 조린다. 간을 보고 취향에 따라 설탕을 추가하고 졸아들면 식혀서 완성한다.

딸기와 닮은 식물

[뱀딸기]

미니어처 딸기처럼 생긴 잡초로 공원의 구석진 곳 등에 있다. 열매는 동그랗고 꽃은 노란색이다. 독은 없는데 맛있지도 않다.

열매 맺는 방법
암꽃술 아래부분이 수분을 하고, 꽃잎이 다 떨어지면 가운데가 커지면서 열매가 된다.

밭의 모습
노지에서 키우는 딸기의 제철은 4~6월이고, 하우스 재배는 12~4월경이다. 딸기가 지저분해지지 않게 높은 곳에 모종을 심는다.

LETTUCE
Lactuca sativa

상추

국화과

키우기 쉬워요 ◆◆◇

양배추와 생판 다른 야채

잎이 말려 있다는 이유만으로 양배추의 닮은 꼴로 보지만
상추와 양배추는 생판 남이다.
맛도 다르지만 꽃을 보면 한눈에 알 수 있다.
양배추꽃은 유채꽃과 비슷하게 생겼고 상추꽃은
민들레처럼 솜털이 나 있다.

원산지 지중해 연안
주요 산지 일본 나가노, 이바라키, 군마 | 한국 강원 평창, 경북 대구, 경기 남양주 등
제철 일본 4~9월 | 한국 연중
재배법 화분에서도 재배 가능하다. 씨 또는 모종을 심어 키운다. 해충의 피해가 잦아 방충망을 설치한다.
크기 20~30cm
생육 적정 온도 15~20℃
식용 부위 잎
다른 명칭 천금채, 은근초
꽃말 냉정한 사람, 냉담한 사람

상추 LETTUCE

눈으로 봐서는 양배추랑 비슷한데…

상추는 나름 둥그렇게 생겼으니까 양배추와 친척 관계인가? 이렇게 생각할 수 있지만 양배추는 십자화과, 상추는 국화과라서 닮은 구석이 하나도 없다. 십자화과는 유채꽃 같은 꽃을 가리키며 씨도 꼬투리 안에 있지만, 국화과인 상추꽃은 민들레나 방가지똥처럼 솜털 달린 씨가 바람을 타고 사방으로 퍼지므로 구조가 완전히 다르다.

썰었더니 하얀 액체가 나온다!

상추와 양배추의 차이점은 샐러드를 만들 때 가장 잘 드러난다. 양배추는 얇게 썰어서 먹지만 상추는 얇게 썰지 않는다. 상추는 잎이 잘 찢어지기도 하지만 썰었을 때 칼에 닿는 단면이 갈색으로 변하기 때문이다. 상추에 있는 페놀 물질이 칼의 철 성분과 산소와 만나면서 갈변이 된다. 그래서 상추 한 통을 반으로 썰었을 때 그 단면이 약간 변색되므로 샐러드를 만들 때는 손으로 잎을 떼는 것이 좋다. 민들레나 방가지똥 줄기를 꺾으면 우유 같은 하얀 액체가 나오는데, 상추에서도 이 하얀 액체가 나온다. 맛은 상당히 쓰다. 상추는 이 쓴맛 나는 물질을 이용해 벌레가 갉아 먹지 못하도록 몸을 보호한다. 수면 효과도 약하게 있다. 피터 래빗 동화에서 아기 토끼들이 상추를 먹고

꽃
5~7월. 수확하지 않고 그대로 두면 꽃대에서 노랗고 작은 꽃이 핀다.

씨앗
꽃이 지면 솜털이 나고 바람에 날아간다. 잡초인 왕고들빼기와 똑같이 생겼다.

잎
잎이 말려 있는 종류, 잎상추(leaf lettuce)처럼 잎이 말려 있지 않은 종류, 주름진 종류가 있다. 하얀 액체는 모든 종에서 나온다.

잠들어 버리는 에피소드도 여기서 나왔다.

상추씨는 빛의 파장도 선택한다

상추씨의 솜털은 바람에 날아갈 만큼 매우 작다. 따라서 씨가 싹을 틔우고 무사히 성장할 수 있는지는 모 아니면 도다. 씨는 생존 확률을 조금이라도 높이기 위해 언제 싹을 틔울지 틈틈이 기회를 엿본다. 그래서 흙이 너무 많이 덮여 있어도 발아하지 않는다. 그리고 상추씨는 빛의 파장도 구분한다. 식물의 잎은 광합성을 하기 위해 청색부터 적색 파장의 빛을 흡수한다. 하지만 '원적색광'은 잎에 흡수되지 않고 그대로 통과한다. 이 빛이 사람 몸에 닿았다는 것은 머리 위로 무성히 자란 다른 잎들이 이미 광합성을 하고 있다는 증거다. 그래서 상추씨는 원적색광에 반응하지 않고 싹도 틔우지 않는다. 이렇게 작은 씨에 이런 능력이 있다니 놀라운 일이다.

상추 실험을 해 보자

부엌에서 키워 보자
상추는 잎사귀를 뜯어 먹는 야채다. 그러니 벌레가 잘 들러붙지 않는 실내에서 키워 보자. 잎상추 정도면 작은 화분에서 쉽게 키울 수 있다.

열매 맺는 방법
심은 지 얼마 안 된 모종은 이렇게 생겼다. 바깥 방향으로 잎이 펼쳐지면서 잎의 개수가 늘어나고 이내 둥글어진다.

밭의 모습
서늘한 기후를 좋아해서 고원에서 많이 재배된다. 재배하기에 용이한 계절은 봄과 가을이다.

상추와 닮은 식물

[왕고들빼기]
길가나 공원에 피는 작은 야생화. 꽃과 씨가 상추와 똑같이 생겼다. 굳이 비교해서 말하면 잎은 쑥갓을 닮았다.

감자

가지과

키우기 쉬워요 ◆◆◆

포만감을 주는 대표적인 야채

잘게 썬 조각에서도 싹이 나고 어떤 땅이든
심기만 하면 감자를 수확할 수 있다.
여러 나라에서 주식처럼 먹고 수많은 사람을
굶주림에서 해방한 구세주.
누구나 좋아하는 감자튀김도, 포테이토칩도 감자로 만들어졌다.

원산지 남아메리카
주요 산지 일본 홋카이도 | 한국 강원 평창, 전북 김제, 전남 보성 등
제철 일본 4~10월 | 한국 연중
재배법 밭 재배에 적합하다. 흙 위로 노출돼 햇빛이 닿으면 유독 물질이 발생하기 때문에 꽃이 피기 시작한 무렵에 새 흙을 뿌린다.
크기 50~60cm
생육 적정 온도 15~23℃
식용 부위 덩이줄기
다른 명칭 마령서
꽃말 자비, 자애, 인정이 많다, 은혜

감자 POTATO

햇빛을 받은 감자는 왜 녹색이 될까?

감자의 싹에는 독이 있다. 고작 0.4그램만으로 치사량이 되는 '솔라닌'이라는 독을 먹으면 구토, 멀미 등이 일어난다. 물론 감자 자체에는 독이 없지만 감자를 조리할 때 싹을 제거하는 이유가 그 때문이다. 씨 또는 싹에 독이 있는 식물은 의외로 많다. 한창 커져야 할 시기에 잡아먹히면 자손 번식을 할 수 없기 때문에 독으로 스스로 보호하는 것이다. 감자는 햇빛이 닿으면 녹색으로 변하는데, 이런 경우 녹색이 된 부분에 독이 생기니 주의가 필요하다. 그런데 왜 햇빛을 받으면 녹색이 될까? 그건 감자가 뿌리가 아니라 줄기라서 그렇다. 햇빛을 받아 광합성하기 위해 엽록소가 생성되면서 녹색이 되는 것이다.

흩어져 있는 것 같지만 땅속에서 원을 그리고 있다?

감자는 땅속에 띄엄띄엄 간격을 두고 열매가 열린다는 이미지가 있다. 그런데 여기에는 놀라운 법칙이 있다. 감자의 움푹 파인 곳은 덩이줄기와 연결되어 있던 부분인데, 이는 줄기를 중심으로 5분의 2바퀴씩 회전한 위치에 붙어 있다. 그도 그럴 게 땅 위로 자라는 모든 식물의 줄기는 나선형으로 잎을 배치하면서 뻗어 나간다. 감자도 줄기에서 연결되어 자라기 때문에 땅속에서 나선을 그리면서 성장한다.

꽃
꽃 색깔은 흰색부터 보라색까지 있다. 꽃이 피는 빈도나 색깔 등은 감자의 품종에 따라 다르다. 가지 꽃과 비슷하게 생겼다.

씨앗
꽃이 지면 열매를 맺기도 하는데 먹으면 안 된다. 양분을 빼앗기 때문에 재배할 때는 손으로 딴다.

잎
줄기나 잎은 단단하지 않은 질감에 비해 두툼하고 튼튼해서 왕성하게 자란다.

자신의 복제품을 여러 번 만들 수 있다

당연한 말이지만 감자에도 꽃이 핀다. 그리고 꽃이 지면, 생각지도 못한 푸른색 미니 토마토처럼 생긴 열매가 열리기도 한다. 감자는 가짓과다. 토마토도 가짓과 야채이므로 감자의 열매 모양은 토마토와 비슷하다. 다만 독이 있어서 먹지 못한다. 열매 속에 씨가 생기지만 감자를 재배할 때 이 씨를 이용하지는 않는다. 불확실한 씨를 심기보다 감자를 잘라서 흙에 묻는 방법이 훨씬 빠르고 확실하기 때문이다. 하지만 이 감자는 처음에 심은 감자의 복제품이다. 편한 방법이지만 한 번 병에 걸리면 전부 죽는다. 그래서 시중에 판매되는 씨감자는 질병을 없애는 처리가 되어 있다. 아주 오래전 아일랜드에서는 감자가 질병에 걸려 수확을 하나도 못 하게 되자 백만 명 넘는 사람들이 굶주림으로 목숨을 잃은 적이 있다. 이때 수많은 아일랜드 사람이 터전을 옮긴 곳이 지금의 미국이다. 감자가 전 세계에 미치는 영향은 엄청나다.

감자 실험을 해 보자

조건에 구애받지 않고 싹이 난다
냉장고에 오래 두어도 움푹 파인 부분이 남아 있으면 아주 작은 조각에서도 싹이 난다. 싹이 나면 화분에 심어 보자. 작은 감자를 수확할 수 있다.

감자와 닮은 식물

[도깨비가지]
꽃이나 씨는 도깨비가지와 비슷하게 생겼는데 잎은 완전히 다르다. 땅속에 줄기도 없다.

열매 맺는 방법
줄기의 뿌리 끝을 잡아당기면 땅 밑에 감자가 많다. 새끼 감자는 씨감자보다 위에 있다.

밭의 모습
일본의 제철은 5~6월과 10~11월이다. 토지나 기후 등 재배 조건이 까다롭지 않아 어디든 심을 수 있다.

BROAD BEAN

Vicia faba

잠두

콩과

| 키우기 쉬워요 ◆◆◇ |

편안하게 솜을 덮고 있는 호화로운 콩

보통 식물의 꼬투리 안에는 씨가 빼곡하게 차 있다.
조금이라도 더 많이 씨를 퍼뜨리기 위해서다.
그런데 잠두의 씨는 하나하나 소중하게 푹신한 이불을 덮고 있다.
고급스러운 선물처럼 말이다.

원산지 알 수 없다 (중앙아시아~지중해 연안)
주요 산지 일본 가고시마, 지바, 이바라키 | 한국 제주도, 전남 남부 해안 등
제철 일본 5월 | 한국 5~6월
재배법 화분에서도 재배 가능하다. 햇볕이 잘 드는 장소에서 키운다.
크기 70~80cm
생육 적정 온도 16~20℃
식용 부위 과실
다른 명칭 누에콩, 작두콩, 마마콩
꽃말 동경

잠두 BROAD BEAN

잠두는 하늘을 향해 일어선다

콩과는 보통 덩굴을 뻗어낸다. 일어서려고 노력하기보다 남에게 기대어 사는 게 편한 모양인지 주변에 있는 것을 꽉 잡고 뻗어 나간다. 그래서 줄기는 가늘고 유연하다. 그래야 어디로든, 어떻게 해서든 갈 수 있기 때문이다. 식물에게 가장 큰 목표는 자손 번식이다. 여기에는 다양한 방법이 있는데, 콩과 중 덩굴을 뻗는 유형은 몸을 무장하는 것에 에너지를 쏟기보다 비용 대비 효율을 고려한 성장으로 열매에 에너지를 쏟거나 먼 곳까지 뻗어 나가는 일에 집중하는 전략을 쓴다. 하지만 잠두의 전략은 다르다. 콩과 중에서는 드물게 덩굴을 쓰지 않고 자신의 힘으로 꼿꼿하게 서 있는 방법을 선택했다. 게다가 콩도 하늘을 향해 서 있다.

푹신한 이불의 보호를 받는 씨

잠두의 줄기는 바람에 견딜 수 있는 튼튼한 사각형 모양이다. 한해살이풀이고 나무처럼 단단한 껍질이 없는 대신 네 모퉁이가 튼튼해서 잘 부러지지 않는다. 뚝 하고 꺾이면 그 길로 죽지만, 길고 가늘게 뻗어 나가기보다 굵고 단단해지는 방법을 선택했다. 그리고 다른 콩들보다 더 정성을 기울여 씨를 보호한다. 훌륭하게 성장한 꼬투리 안에는 푹신한 이불이 있다. 깨질 위험이 있는 물건을 포장해 운송할 때 쓰는 완충재처럼 씨를 감싸고 있다. 씨를 많이

꽃
3~5월. 다섯 장의 꽃잎이 겹쳐 있는 나비 모양의 꽃. 꽃 색깔은 흰색과 자주색 계열이고, 커다란 검정 반점과 잎맥이 특징이다.

씨앗
꽃이 피어 있는 시기가 끝나면 꼬투리가 생기고 안에는 씨가 생긴다. 씨 안에 있는 떡잎은 싹의 에너지 저장소가 된다.

잎
작은 잎이 2~6장 이어져 있고 왕성하게 자란다. 햇빛이 너무 강하면 잎이 오므라든다.

퍼뜨리기보다 씨 하나하나를 추위와 건조함에서 보호하는 전략이다. 우리가 먹고 있는 콩이 이렇게 정성스럽게 보호받고 있는 씨라고 생각하니 남김없이 다 먹어야겠다.

떡잎을 접은 콩은 힘이 넘친다!

잠두를 삶으면 콩에 약간 딱딱한 껍질이 생긴다. 이 껍질을 벗겨내면 속은 퍼즐 두 조각처럼 갈라져 있다. 이건 잠두의 떡잎이다. 갓 태어난 연약한 싹이 죽지 않고 살아남을 때까지가 식물의 성장 과정 중 가장 힘든 시기다. 씨를 많이 퍼뜨리는 식물은 '물량 공세 작전'을 펼친다. 그에 비해 잠두는 오래 살아 있을 기회를 늘리기 위해 크고 튼튼한 씨를 만들어 에너지를 비축하고 싹이 잘 움트는 전략을 쓴다. 잠두의 떡잎은 껍질을 덮은 상태에서 돋아나지 않는다. 떡잎은 땅 위로 나가지 않고 뒤에 나올 본잎에 에너지를 공급하는 저장소 역할을 한다. 햇빛을 향해 꼿꼿하게 서서 씨 하나하나를 보호하는 청렴한 삶이다.

열매 맺는 방법
어린 꼬투리가 하늘을 우러러보듯 위를 향하고 있는 모습에 일본에서는 소라마메(ソラマメ, 소라는 하늘, 마메는 콩이라는 뜻이다-옮긴이)라는 이름이 붙었다. 꼬투리가 아래로 처져 있으면 수확의 적기라는 신호다.

밭의 모습
화분에서도, 밭의 옆길에서도 잘 자라며 의외로 장소를 가리지 않는다.

잠두 실험을 해 보자

꼬투리가 있는 잠두를 살펴보자
꼬투리가 있는 생 잠두가 있다면 꼬투리를 까서 안을 살펴보자. 구조를 관찰하고 손으로 만지고 느끼는 경험은 흔치 않다.

잠두와 닮은 식물

[등]
공원에서 자주 보는 등나무 덩굴시렁에는 큼직한 콩이 매달려 있다. 등의 콩은 꼬투리가 꼬여 있는데 이 반동으로 원반 장난감을 날리듯이 씨를 멀리 날린다.

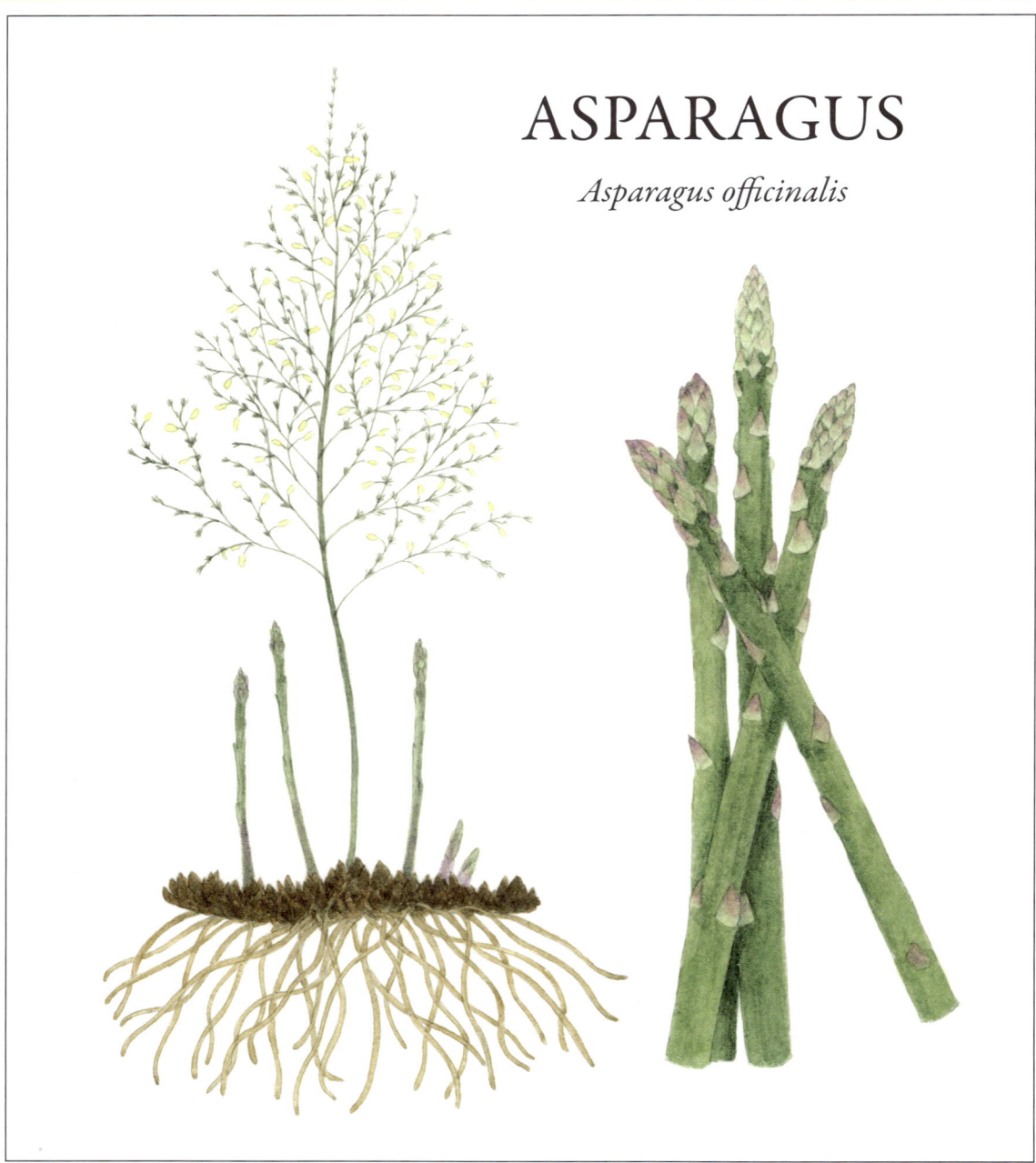

아스파라거스

비짜루과

키우기 쉬워요 ◆◆◇

꼿꼿하게 일어서다

아스파라거스는 땅속에서부터 꼿꼿하게 무럭무럭 자란다.
두더지 잡기 게임처럼 언제 어디로 나올지 모른다.
수확 시기도 신경 써야 한다.
자라기 시작할 때 타이밍 좋게 수확해야지,
안 그러면 금세 못 먹게 된다.
그래도 한 번 심으면 십 년은 수확하는 조금 특이한 야채다.

원산지 남유럽에서 러시아 남부
주요 산지 일본 홋카이도, 사가, 구마모토, 나가노 | 한국 강원 양구, 강원 춘천, 경북 김천 등
제철 일본 5월 | 한국 5~6월
재배법 햇볕이 잘 드는 밭에서 키운다. 첫해에는 수확할 수 없고 이듬해부터 싹이 난다.
크기 100~150cm
생육 적정 온도 15~25℃
식용 부위 줄기
다른 명칭 노순, 소백부, 용수채, 선도백
꽃말 내가 승리한다, 인내하는 사랑, 보편

아스파라거스 ASPARAGUS

성격이 급한 사람에게는 맞지 않는 텃밭 재배

아스파라거스를 키우는 일은 제법 즐겁다. 뜻밖의 일들이 많이 일어나고 관찰력과 인내심도 필요하다. 처음 심은 해에는 잎사귀가 별로 없는 엉성한 조릿대처럼 생겨서 키만 커지고 아무 일도 일어나지 않는다. 꽃은 돋보기가 필요할 정도로 작고 듬성듬성 피어서 관찰하는 재미가 없다. 아마 꽃이 피어 있어도 알아차리기 힘들 것이다. 그렇다면 우리가 먹는 아스파라거스는 어디 있을까? 아스파라거스는 이듬해부터 까꿍 하고 땅 위로 얼굴을 내민다. 갑자기 나타난 것도 모자라 며칠 내로 수확하지 않으면 단단해져서 먹을 수가 없다. 하지만 수확하지 않고 다시 조릿대처럼 될 때까지 지켜보면서 참고 기다린다. 그러면 심은 지 3년이 되는 해부터는 그동안의 은혜를 갚듯이, 4월부터 10월까지 십 년이라는 긴 시간 동안 그루 주변에 아스파라거스가 불규칙하게 자란다.

거의 다 줄기로 이루어져 있다

아스파라거스는 호리호리하고 줄기도 잎도 가늘어서 연약해 보인다. 사실 잎처럼 생겼지만 줄기가 진화한 것으로, 아스파라거스는 이 줄기만으로 광합성을 하는 희귀한 식물이다. 아스파라거스는 땅속에 영양을 비축하는데 가득 채워지면 새 줄기를 땅 위로 뻗는다. 이제 막 올라온, 고작 며칠밖에 안 되는 기간에 수확한 줄기 부분

꽃
4~7월. 꽃은 1cm가 채 되지 않고 종 모양이다. 자웅이화(단성화)고 암수딴그루에서 각각 꽃이 핀다.

씨앗
공처럼 생긴 녹색이 열매고 가을 무렵에 빨갛게 변한다. 하나의 열매에 4~6개의 씨가 들어 있다.

잎
아스파라거스의 삼각형 부분은 잎이고, 가느다란 잎처럼 보이는 것은 의엽(擬葉)이라고 불리는 줄기다.

이 우리가 알고 있는 아스파라거스다. 끝부분이나 줄기에 있는 삼각형 모양은 잎이다. 다만 쓰이지 않아서 퇴화했다. 땅 위에서는 연약해 보이지만, 땅속을 뚫고 올라온 아스파라거스에는 피로회복에 좋은 아스파르트산(Aspartic Acid), 빈혈을 예방하는 엽산, 뼈의 강화에 도움을 주는 비타민 K가 들어 있고, 이삭 끝부분에는 혈관을 튼튼하게 하는 성분도 있어 영양 만점이다. 참고로 돋보기로 본 아스파라거스꽃은 작은 백합처럼 생겼다. 아스파라거스는 한때 백합과로 분류되었다. 백합의 진짜 꽃잎은 안쪽에 세 장 있고, 바깥쪽에 있는 세 장의 꽃잎은 꽃받침이 꽃잎처럼 진화한 것이다. 아스파라거스의 작은 꽃도 같은 구조로 되어 있다.

힘이 넘친다. 수확하고 나서도 멈추지 않고 성장한다!

성장하는 도중에 수확된 아스파라거스는 냉장고에서도 멈추지 않고 꼿꼿하게 자라려고 한다. 아스파라거스를 눕혀서 보관하면 일어서려고 힘을 낭비하므로 세워두는 것이 좋다. 또 화이트 아스파라거스는 다른 품종이 아니라, 햇빛을 받지 않는 재배법으로 키워서 색깔이 다를 뿐이다.

열매 맺는 방법
기온이 상승하면 땅속에서 싹이 올라온다. 싹이 나오고 불과 며칠 만에 20~30cm 자란다.

밭의 모습
아스파라거스를 심은 해와 이듬해에는 수확하지 않고 어미 줄기로 키운다. 뿌리줄기가 굵어지면 수확량이 늘어난다.

아스파라거스 실험을 해 보자

먹기 전에 소금물에 담가 보자
아스파라거스에는 관이 많아서 물을 즉시 빨아올린다. 실험을 위해 구매한 아스파라거스를 소금물에 담갔다가 구워 보자. 더 간을 하지 않아도 소금 간이 되어 있어 맛있다.

아스파라거스와 닮은 식물

[뱀밥]
생김새가 완전히 달라서 착각할 일은 없지만, 싹이 돋아나는 분위기와 뱀밥이 먼저 올라오고 쇠뜨기가 뒤이어 올라오는 느낌이 닮았다.

[속새]
일본 정원 등을 가꿀 때 쓴다. 옛날에는 건조해서 줄처럼 사용했다. 속새도 뱀밥과 같은 양치식물이다.

TOMATO

Solanum lycopersicum

토마토

가짓과

키우기 쉬워요 ◆◆◆

모두에게 인기 만점 야채계의 아이돌

도시락과 밥상의 색감을 위해 토마토를 넣고, 통조림과 주스는 진열대에 깔려 있고, 레스토랑에는 토마토 요리가 꼭 있다. 이토록 넓은 세상에 침투해서 안 쓰이는 데가 없는 야채는 또 없다. 종류도 많고 단맛까지 나서 아이들도 잘 먹는다.

원산지 중앙아메리카, 남아메리카
주요 산지 일본 구마모토, 홋카이도 | 한국 강원 춘천, 충남 부여, 전북 장수 등
제철 일본 5~8월 | 한국 7~10월
재배법 화분에서 재배 가능하다. 햇볕이 드는 장소에 모종을 심으면 쉽게 키울 수 있다. 세 개의 지지대를 피라미드형으로 세워서 지지한다.
크기 1~2m
생육 적정 온도 20~30℃
식용 부위 과실
다른 명칭 일년감, 땅감
꽃말 완성미, 감사

토마토 TOMATO

토마토의 인기는 DNA에 새겨진 식욕 반응?

마트에 가면 대형과 중형 토마토, 미니 토마토, 고당도 토마토, 컬러풀 토마토 등 종류가 다양한 경우가 많다. 도시락에는 보통 미니 토마토를 넣는다. 갈색 위주의 메인 반찬 사이에 붉은 색감과 녹색만 더해져도 먹음직스럽게 보이기 때문이다. 붉은색은 부교감신경을 활성화시키고 식욕을 자극하는 효과가 있다. 아주 오래전부터 식물의 붉은 열매는 '제철'을 알리기 위한 신호로 받아들여졌다. 그래서 녹색과 붉은색의 조합은 식욕을 돋운다. 녹색에는 상추나 브로콜리, 아스파라거스처럼 다양한 선택지가 있지만, 붉은색 야채는 그렇지 않다. 도시락의 완성도를 높일 때 미니 토마토는 주부에게 한 줄기 빛이다. 조리도 양념도 필요 없다. 준비하기도 쉽고 간편하다. 미니 토마토는 칼을 써야 하는 번거로움도 없다. 토마토가 인기 있는 이유는 바로 먹을 수 있는 붉은색 야채이기 때문이다.

옛날에 토마토는 관상용 식물이었다

지금은 토마토가 세상을 주름잡는 야채의 왕이지만 아주 오래전 사람들은 토마토를 먹을 수 없는 관상용 식물이라고 생각했다. 붉은색 꽃이나 꽈리처럼 말이다. 왜냐면 토마토가 가짓과 야채여서 열매에 독이 있다고 믿었

꽃
6~9월. 꽃이 피면 꽃잎이 뒤집히고 곤충이나 바람의 진동에 꽃가루가 떨어지면 수분을 한다.

씨앗
과실의 젤리 부분 안에 들어 있다. 평소에 우리가 신경 쓰지 않고 먹는 부분이다.

잎
들쑥날쑥하게 생긴 잎은 만지면 종이 펠트 같은 느낌이 난다. 줄기와 잎 사이에서 곁순이 돋아난다.

기 때문이다. 사실 그 독은 열매가 아니라 잎에 있다. 독의 이름은 '토마틴(tomatine)'. 친근감이 생기는 귀여운 이름이다.

모두가 부러워하는 붉은 색소 '라이코펜'

사람들이 토마토를 먹기 시작하자 이번에는 토마토의 영양가에 관심이 쏠리게 되었고 인기는 더더욱 높아졌다. '토마토가 붉어지면 의사는 새파랗게 질린다'는 토마토를 먹으면 몸이 건강해져서 병원에 가는 사람이 줄어들어 의사의 일거리가 없어질까 봐 걱정한다는 의미에서 나온 말이다. 토마토는 비타민이 풍부한 데다, 혈중 콜레스테롤을 낮추는 가바(GABA), 암을 예방하는 라이코펜 성분까지 있다('라이코펜'이라는 이름도 귀엽다). 식물의 붉은 색소는 일반적으로 보라색 안토시아닌과 오렌지색 카로티노이드다. 사과 등은 안토시아닌과 카로티노이드의 조합으로 나름 붉은색으로 보인다. 반면 토마토는 선명한 붉은색인 라이코펜 색소를 가졌다.

토마토 실험을 해 보자

단 토마토를 알아내는 방법
물이 든 큰 유리컵에 미니 토마토와 설탕 한 스푼을 넣고 섞는다. 위로 뜨는 토마토와 밑으로 가라앉는 토마토가 있다. 밑에 가라앉은 토마토가 더 달다. 이를 비중 실험이라고 한다.

열매 맺는 방법
수분이 끝나면 줄기에서 가까운 곳부터 시간 차를 두고 붉게 변한다. 미니 토마토는 12월까지 열매를 맺기도 한다.

밭의 모습
제철은 7~9월. 한여름에도 물을 다소 주지 않아도 건강하게 자란다. 하우스에서는 일 년 내내 재배된다.

토마토와 닮은 식물

[에티오피아 가지]
열대 아프리카가 원산지인 가짓과 식물이다. 관상용이므로 먹지 않는다.

WATERMELON

Citrullus lanatus

수박

박과

키우기 쉬워요 ◆◆◆

수박은 박과의 이단아

수박은 빨갛다. 다들 그렇게 알고 있다.
잘 생각해 보면 수박은 박과인데 빨갛다.
게다가 씨는 여기저기 흩어져 있다.
수박을 먹을 때 씨가 있어 불편한 건 당연하다.
바로 그게 수박의 전략이니까.

원산지 아프리카 중부
주요 산지 일본 구마모토, 지바, 야마가타 | 한국 충북 음성, 강원 양구, 경남 함안 등
제철 일본 5~8월 | 한국 7~8월
재배법 가로로 커지고 열매도 크게 자라므로 화분에 키우기는 적합하지 않다. 햇볕이 잘 드는 밭 등에서 키운다.
크기 30~40cm
생육 적정 온도 25~30℃
식용 부위 과실
다른 명칭 수과, 서과
꽃말 부피가 크다

수박 WATERMELON

옛날에는 무조건 통으로 샀다

수박은 여름철 대표 주자다. 예전에는 가족이 많아서 통수박이 잘 팔렸다. 주부들은 일렬로 늘어선 수박을 통통 경쾌하게 두드리면서 어떤 수박을 살지 골라냈다. 속이 꽉 차 있는지, 달고 맛있는지를 소리로 구분하던 그 시절의 주부는 대단했다. 요즘은 저출산 현상과 핵가족화로 수박 한 통을 다 먹지 못해서 썰어 놓은 수박이 많다. 어떤 의미로는 단면을 보고 수박의 상태를 알 수 있어서 고르기 편해졌지만, 주부의 숙련된 기술이 전승되지 않아 조금은 아쉽다.

수박은 씨의 배치도, 열매 색깔도 특이하다

수박은 90%가 수분으로 이루어져 있다. 본래 사막에서 태어난 수박이 열사병에 좋다고 알려진 이유는 수분과 미네랄을 동시에 섭취할 수 있기 때문이다. 그러고 보면 수박은 매우 특이하다. 박과 야채인데 속은 빨갛고 씨는 여기저기 흩어져 있다. 멜론이나 다른 박과 야채들은 씨가 중앙에 모여 있어 처음 한 번만 파내면 그만인데, 수박씨는 왜 흩어져 있을까? 바로 생물에게 씨를 먹게 하기 위해서다. 어디를 먹어도 씨가 입으로 들어가도록 요령 있게

꽃
6~8월. 노란색 꽃이 핀다. 암꽃 밑에 동그랗게 부풀어 오른 것이 있는데 이것이 나중에 수박이 된다.

씨앗
씨는 과육 안에 흩어져 있다. 씨의 표면은 단단하게 코팅되어 있어 매끄럽다.

잎
수분을 저장하기 위해 잎에는 들쭉날쭉한 잎맥이 많고 두툼하다. 덩굴성 식물이어서 성장기 동안 계속 자란다.

흩어져 있는 것이다. 수박씨는 유리질처럼 단단하고 매끄러워서 무심결에 꿀꺽 삼켜도 바로 소화되지 않고 똥으로 나온다. 조금이라도 더 멀리 가려면 몸속에 머물러 있어야 광범위하게 퍼뜨릴 기회가 온다.

씨 없는 수박은 왜 사라졌을까?

이러한 수박의 전략을 무시하고 '먹을 때 불편하니까 씨를 없애 버리자!'라며 씨 없는 수박이 만들어진 적이 있다. 그런데 평판이 좋지 않아서 홀연히 사라졌다. 단맛이 떨어지고, 속이 비어 있는 수박도 있어서 아무래도 잘 팔리지 않았다. 수박은 씨가 먹히기 위해 씨의 주변과 중심부로 가까워질수록 달다. 그래서 씨 없는 수박은 당연히 단맛이 줄어들 수밖에 없었고 인간은 백기를 들고 말았다. 결국 씨 있는 수박이 여전히 주류다. 수박의 작전이 성공한 셈이다.

수박 실험을 해 보자

씨 없는 수박처럼 보이게 자르려면?

수박을 줄무늬 방향으로 써는 경우가 많은데, 이번에는 가로로 둥글게 썰어보자. 씨가 여기저기 흩어져 있는 것처럼 보이지만, 나름 여섯 구역으로 나뉘어 있는 것을 알 수 있다. 이 상태에서 칼질을 하면 단면에 씨가 없는 수박이 된다!

수박과 닮은 식물

[프린스 멜론]
머스크 멜론보다 크기가 작고 가격이 합리적인 멜론이다.

[참외]
참외는 프린스 멜론보다 먼저 일본에 들어왔다. 생김새는 수박을 닮았지만 잎은 수박보다 둥글고 속은 하얗다.

열매 맺는 방법
꽃이 진 후, 아직 크기가 작은 수박에도 줄무늬가 보이기 시작한다. 이 시기부터 열매가 커진다.

밭의 모습
수박이 흙에 닿아 더러워질까 봐 밑에 짚을 깔아놓는다.

오크라

아욱과

키우기 쉬워요 ◆◆◇

귀부인처럼 아리따운 자태

오크라는 단 하루만 아름다운 꽃을 피운다.
녹색 그물 안에 쏙 들어가 있고 끈적끈적한
오크라의 이미지와 동떨어진 화려한 꽃이다.
과실이 위를 향해 도도하게 서 있어 '레이디핑거'라고도 불린다.

원산지 북동 아프리카
주요 산지 일본 가고시마, 고치, 오키나와 | 한국 충남 당진, 경남, 제주
제철 일본 6~8월 | 한국 8~10월
재배법 화분에서 재배 가능하다. 씨 또는 모종을 심어 키운다. 햇볕이 잘 드는 장소와 고온다습한 환경을 좋아하고 여름이 되면 잇따라 열매가 열린다.
크기 1.5~2m 이상
생육 적정 온도 25~30℃
식용 부위 과실
다른 명칭 검보, 레이디핑거
꽃말 사랑 때문에 야위다, 상사병

오크라 OKRA

끈적이는 음식을 좋아하는 일본인의 취향을 저격한 야채

오크라는 잘게 썰었을 때 끈적이는 점액질이 나온다는 특징이 있다. 여름에 메밀을 먹을 때 끈적이는 낫토나 참마를 다같이 넣다 보니 일본 요리의 재료라는 이미지도 강하다. 이름도 '오크라'여서 어딘가 일본 분위기가 나고, 외국인들이 대체로 끈적이는 음식을 꺼린다는 점에서 일본의 전통 야채처럼 느껴진다. 하지만 오크라는 2000년보다 더 거슬러 올라가 고대 이집트 시대 때부터 재배된 아프리카 야채다. 또 오크라는 원산지인 아프리카는 물론 파키스탄, 중동, 인도, 아메리카 남부, 쿠바 등에서도 사랑받고 있다. 그도 그럴 게 오크라의 꽃이나 잎을 보면 어딘지 모르게 더운 나라의 식물처럼 생겼다.

레이디핑거는 여성의 아군

원산지인 아프리카에서는 오크라가 위로 쑥쑥 자라는 모습을 보고 '여성의 손가락'에 비유했다. 여성에게 유익한 영양소가 풍부하며, 끈적이는 점액질은 식이섬유 펙틴으로 변비에도 좋다. 또 혈액순환이 원활해져 눈 밑의 다크서클도 개선되며 빈혈도 예방한다. 임산부에게 필수인 엽산까지 있다. 오크라는 불에 익지 않을 정도로 끈적이는

꽃
6~8월에 다섯 장의 크림색 꽃잎이(직경 약 10cm) 있는 꽃이 핀다. 가운데는 와인색이다.

씨앗
다섯 개의 방으로 나누어져 있고 작은 씨들이 나란히 자란다. 세로로 자르면 오크라의 생김새를 알 수 있다.

잎
손바닥처럼 다섯 개로 갈라져 있고 크기는 15~30cm 정도로 자란다. 과실보다 잎이 눈에 띈다.

점액질이 많이 나온다. 오크라를 잘 다져서 가다랑어포와 버무리고 간장을 더했을 뿐인데 훌륭한 일품 반찬이 된다는 점도 좋다.

야채 중에 드물게 단 하루만 큰 꽃을 피운다

실제로 오크라를 키우면서 가장 신기했던 건 꽃의 생김새이다. 일반적인 야채의 꽃보다 이상하리만큼 크고, 당당하고 아름다운 하얀 꽃을 피운다. 같은 아욱과 식물인 하와이무궁화나 부용, 무궁화와도 굉장히 닮았다. 다만 이른 아침에 꽃이 피면 스스로 암술과 수술을 수분시키고, 낮이 될 무렵에는 자신의 역할이 끝나 시들기 때문에 관상용으로는 적합하지 않다. 이때부터 며칠 내로 열매가 나고 수확 시기는 매우 짧다. 이 순간을 놓치면 오크라가 너무 단단해져서 먹을 수가 없다. 끈적끈적 들러붙는 이미지와는 동떨어진 담백한 삶을 살고 있다.

오크라 실험을 해 보자

별 스탬프를 만들자

오크라를 썰면 별 모양처럼 나온다. 오크라를 반으로 썰어서 스탬프 패드의 잉크를 묻히면 귀여운 도장이 완성된다.

오크라와 닮은 식물

아욱과 꽃과 매우 닮았다. 하와이무궁화, 부용, 무궁화, 닥풀(금화규) 등이 있다.

[닥풀]

[부용]

[하와이 무궁화]

열매 맺는 방법

꽃이 진 자리에 작은 모자처럼 위를 향해 열매가 난다. 솜털을 이용해 물과 벌레로부터 몸을 지킨다.

밭의 모습

제철은 6~8월. 하우스에서도 재배되며 일 년 내내 출하된다. 베란다에 있는 화분에서도 키울 수 있다.

옥수수

볏과

키우기 쉬워요 ◆◆◇

야채이면서 곡물이기도 하다

일본인에게 옥수수는 여름에 포장마차에서 팔거나
샐러드에 올리는 등 어쩌다 먹는 느낌인 야채다.
하지만 세계에서 가장 많이 생산되는 곡물은
밀가루도 쌀도 아닌 옥수수.
전 세계 생산량 1위에 오른 곡물이다.

원산지 중앙아메리카부터 남아메리카 북부
주요 산지 일본 홋카이도, 지바, 이바라키 | 한국 강원 홍천, 충북 괴산 등
제철 일본 6~9월 | 한국 7~9월
(초당옥수수는 5~6월)
재배법 씨를 심어 키운다. 햇볕이 드는 장소에 어느 정도 규모가 있는 밭과 옥수수 몇 그루가 필요하다.
크기 150~200cm 이상
생육 적정 온도 22~30℃
식용 부위 과실
다른 명칭 강냉이, 강낭이
꽃말 보물, 풍부, 섬세함, 세련

옥수수 CORN

옥수수의 수비 범위는 경이롭다!

아이들이 제일 잘 먹는 야채는 아마 옥수수이지 않을까? 샐러드에도 옥수수를 양껏 올리고, 콘 수프도 굉장히 좋아한다. 영화관에 가면 팝콘이 빠질 수 없다. 성숙하지 않은 과실은 우리가 먹고 있는 야채이며, 건조된 옥수수는 곡물이다. 빵이나 면의 원재료인 밀가루나 쌀보다 생산량이 많다는 사실을 일본인은 다소 믿기 힘들겠지만 일부 국가에서는 옥수숫가루를 주식으로 먹는다. 타코, 콘플레이크, 버번위스키, 기름, 가축 사료 그리고 최근에는 석유를 대체하는 바이오 연료나 식물성 플라스틱의 원료로 쓰이는 등 식품 이외의 분야에서도 폭넓게 이용된다. 수많은 작물이 문명과 깊은 관련이 있는데 그 예로 벼(쌀)는 인더스 문명과 양쯔강 문명, 맥류(보리, 귀리 등)는 메소포타미아와 이집트 문명, 대두는 황하 문명, 감자는 잉카 문명, 옥수수는 아즈텍 문명과 마야 문명 발전의 기둥이 되었다고 한다.

덥수룩한 수염은 왜 있을까?

옥수수의 맨 꼭대기에 수꽃이 피고, 암꽃은 조금 떨어진 줄기의 중간 부분에 핀다. 이 암꽃에는 명주실이라는 살짝 끈적거리는 실 모양의 암꽃술이 많이 있고, 바람에 날려 온 꽃가루가 잘 달라붙는 구조로 되어 있다. 다만 같이

꽃

6~8월. 사진은 수꽃이다. 꽃가루를 조금이라도 더 멀리 날려 보내기 위해 맨 꼭대기에 꽃이 피어 바람에 흔들린다.

씨앗

암꽃술 하나하나에서 모두 수분을 해서 열매가 된다. 암꽃술 하나에 500~600개의 낱알이 있다. 성숙한 열매는 씨가 된다.

잎

홀쭉하면서 큼직하게 자라고 잎의 가장자리는 출렁거려서 아래로 처진다.

있는 수꽃의 꽃가루는 달라붙지 않는다. 옥수수의 수꽃은 암꽃보다 먼저 피고, 암꽃이 명주실을 내보낼 무렵에는 위에 있는 수꽃이 이미 꽃가루를 퍼뜨린 후라 꽃가루가 없다. 뒤늦게 핀 암꽃은 다른 수꽃의 꽃가루을 받아 수분을 한다. 이런 식으로 옥수수는 근친 교배를 막는다.

팝콘은 옥수수의 씨

명주실의 모든 가닥에는 옥수수 알갱이가 연결되어 있다. 비유하면 옥수수 심지가 모체이고 씨는 아기, 명주실은 탯줄이다. 간혹 알갱이가 비어 있는 건 수정이 잘되지 않아서 그렇다. 우리가 먹고 있는 옥수수는 아직 성숙하지 않은 열매이므로 심어도 싹은 나지 않지만, 팝콘(옥수수 품종명으로 폭렬종, 폭립종이라고도 부른다-옮긴 이)을 땅에 심으면 싹이 난다. 팝콘은 옥수수의 씨다. 다만 폭렬종(爆裂種)이라는 품종의 씨라서 키운다 해도 평소에 우리가 먹는 옥수수 맛은 나지 않는다.

옥수수 실험을 해 보자

'폭렬종'의 맛을 느껴 보자
팝콘을 직접 만들어 보자. 다른 맛이 궁금하면 설탕을 녹여서 캐러멜 팝콘을 만들어도 맛있다.

껍질을 말려서 공예품을 만들어 보자
보리의 줄기로 힘멜리(핀란드 전통 공예품)를 만드는 것처럼 옥수수의 질긴 껍질로 공예품을 만들어 보자. 단단하게 엮으면 컵 받침도 만들 수 있다.

옥수수와 닮은 식물

[조]
같은 볏과의 잡곡. 주로 잡곡밥에 들어 있다. 예전에는 일본에서 많이 소비되었다. 같은 볏과에는 강아지풀이 있다.

열매 맺는 방법
한 그루에서 여러 개의 열매가 난다. 열매를 크게 만들기 위해 이른 시기에 딴 것은 '영 콘(young corn)'이라는 이름으로 먹고 있다.

밭의 모습
노지에서 자라면 제철은 7~9월이다. 사진처럼 높이 자라므로 베란다에서 키우기는 어렵다.

GREEN SOYBEAN

Glycine max

풋콩

콩과

키우기 쉬워요 ◆◆◆

일본인에게 없어서는 안 될 '밭의 고기'

여름 하면 풋콩. 저렴하고 양이 많은 콩나물.
두부, 간장, 된장, 낫토로 변신하는 대두.
어느 하나 밥상에서 빠질 수 없다.
다들 한 뿌리에서 나왔다.
일본인의 식탁에 없어서는 안 될 식재료.

원산지 중국(동북부)
주요 산지 일본 군마, 지바, 야마가타, 홋카이도, 사이타마 | 한국 충남 서천, 충남 예산, 충남 부여 등
제철 일본 6~10월 | 한국 5~7월
재배법 화분에서도 재배 가능하다. 햇볕이 잘 드는 장소가 좋다. 파종할 때, 씨 또는 갓 발아한 떡잎은 새의 먹이가 되기 쉬우므로 망을 친다.
크기 60~80cm
생육 적정 온도 20~30℃
식용 부위 싹, 잎, 줄기, 뿌리
다른 명칭 자숙대두, 청대콩
꽃말 행복은 반드시 온다

풋콩 GREEN SOYBEAN

풋콩은 대두가 되고, 대두는 콩나물이 된다

풋콩은 아직 성숙하지 않은 대두다. 말려서 건조하면 무르익어 대두가 된다. 일주일 정도 대두에 햇빛이 닿지 않게 키우면 콩나물이 된다. 풋콩과 콩나물은 야채고, 대두는 곡물이다. 일본인의 주식인 쌀은 완전 영양소라고 일컬어지는 만큼, 쌀만 잘 먹어도 다양한 영양소가 충족된다. 쌀에 부족한 필수 아미노산 리신은 대두에 많이 들어 있다. 일본인이 대두를 사랑하고 이를 된장, 간장, 두부, 낫토로 발전시킨 이유도 쌀의 부족한 면을 보완하기 위해서다. 하지만 대두의 자급률은 현재 10% 이하다. 조금은 슬픈 현실이다.

풋콩은 가지에 달려 있어야 좋다

아직 익지 않은 풋콩을 소금에 데쳐 먹는 요리는 일본의 독특한 식문화다. 다른 콩과는 다르게 풋콩은 가지에 달린 채로 판매된다. 풋콩은 가지에 달려 있어야 풋콩이니까 말이다. 일본에서 풋콩이 한자로 '枝豆(가지 지, 콩 두)'인 것처럼, 가지에서 떨어진 풋콩은 맛도 급격히 떨어진다. 하지만 소금에 데치기만 해도 영양소가 풍부해지고 맛있어지며 건강에도 좋다. 이런 장점을 두루 갖춘 덕에 최근에는 외국에서도 풋콩을 먹는다. 냉동 풋콩도 늘어나 이제 가지에 달린 풋콩이 점점 귀해지고 특별해질지도 모른다.

꽃
5~8월. 꽃봉오리 속에 암술과 수술이 있고, 꽃이 피는 동시에 자신의 꽃가루로 수분을 하는 구조다.

씨앗
무르익은 풋콩을 건조하면 대두가 된다. 풋콩은 아직 성숙하지 않아 땅에 심어도 싹이 나지 않는다.

잎
잎과 줄기가 이어진 부분이 부풀어 오르고 액압의 변화로 잎이 움직인다. 여닫이 운동을 통해 햇빛을 받는 방법을 조정한다.

박테리아와 공존하고, 혈액 같은 것으로 산소를 운반하는 시스템

가지 달린 풋콩을 구매했는데, 운 좋게 뿌리도 달려 있다면 유심히 살펴보자. 풋콩의 뿌리에는 작은 혹처럼 생긴 것이 붙어 있다. 이건 병에 걸려 생긴 게 아니라 '뿌리혹박테리아'라는 풋콩과 공존하는 박테리아의 소굴이다. 이 뿌리혹을 자르면 혈액 같은 것이 흘러나온다. 이것은 실제로도 인간의 혈액과 같은 역할을 한다. 풋콩이 광합성으로 만든 당분을 나눠 받는 대신 뿌리혹박테리아는 질소를 주고 풋콩은 이 질소를 비료로 쓴다. 다만 질소를 이용하기 위해서는 대량의 산소가 필요하다. 그래서 풋콩은 인간의 혈액 같은 것으로 산소를 운반하는 능력을 갖추게 되었다. 인간의 혈액 속에 있는 헤모글로빈은 산소를 운반한다. 콩과 식물들은 이 헤모글로빈과 유사한 레그헤모글로빈이라는 물질을 가졌다.

풋콩 실험을 해 보자

대두를 심어 보자

시중에 판매되는 대두를 땅에 심어 보자. 물을 주고 일주일 정도 지나면 싹이 난다. 그대로 계속해서 키우면 풋콩이 된다.

열매 맺는 방법
밀생할 때 열매가 잘 생긴다. 꼬투리나 줄기에 있는 솜털은 건조함으로부터 몸을 보호한다.

밭의 모습
풋콩에 붙어 있는 뿌리혹박테리아의 질소를 비료로 사용하고 있어서 척박한 땅에서도 잘 자란다.

풋콩과 닮은 식물

[돌콩]
콩과 콩속이다. 대두의 원종(原種)이며 들이나 길가에 있다. 풋콩보다 크기가 작은 꼬투리가 달려 있다.

EGGPLANT

Solanum melongena

가지

가지과

키우기 쉬워요 ◆◆◆

다양한 매력이 있는 야채

원산지인 인도에서는 흰색이 주류다.
둥그런 모양이 마치 달걀 같아서 '에그 플랜트(eggplant)'라고 부른다.
매끄러워 보이는 열매의 꼭지에는 가시가 있고,
옛날에는 고급 야채였는데 지금은 대중적이다.
종잡을 수 없는 야채다.

원산지 인도 동부
주요 산지 일본 고치, 구마모토, 군마 | 한국 경기 여주, 강원 홍천, 강원 춘천 등
제철 일본 6~10월 | 한국 5~8월
재배법 화분에서 재배 가능하다. 햇볕이 잘 드는 장소에서 큰 화분에 한 그루를 심고 지지대를 세워 줄기를 지지한다.
크기 80~100cm
생육 적정 온도 23~30℃
식용 부위 과실
다른 명칭 낙소
꽃말 깊고 친밀한 대화, 우아한 아름다움, 겸손한 행복

가지 EGGPLANT

가지는 좋은 비유로도 나쁜 비유로도 쓰인다

일본에서 가지는 여러 가지 비유 표현으로 쓰인다. 새해 첫 꿈에 '첫째 후지산, 둘째 매, 셋째 가지'가 나오면 길몽이라는 말이 있다. 가지(ナス, 나스)의 발음과 '이루다, 성취하다(成す, 나스)'의 발음이 같은데, 올해는 모든 일이 잘 되길 바라는 마음에서 비롯되었다. 옛날에 가지는 대표적인 비싼 야채였다. 에도 시대에 도쿠가와 이에야스가 은거했던 스루가 지역(지금의 후쿠오카현)에서는 따뜻한 기후의 특징을 살려 그가 즐겨 먹던 가지를 겨울에도 재배했다. 이 햇가지는 한 개에 무려 1냥(현재 가치로 약 10만 엔!)이었다고 한다. 스루가에서 가장 높은 것은 후지산, 두 번째는 아시타카산, 세 번째는 가지를 꼽을 만큼 서민들은 정월 하루만큼은 가지를 먹고 싶어 했던 것으로 보인다.

고급 야채에서 누구나 쉽게 키우는 야채로

인도에서 건너와 나라 시대(710-784)부터 에도 시대(1603-1867)에 이르기까지, 가지는 신분이 높은 사람만 먹을 수 있는 고급 식품이었지만 지금은 대중적인 야채가 되었다. 실제로 키워보면 알겠지만, 가짓과는 텃밭 재배 초보자가 수확하기에 가장 쉬운 야채라고 해도 과언이 아니다. 토마토, 감자, 가지, 피망 모두 가짓과다. 평범한 부모

꽃
5~9월. 꽃 색깔은 자주색 계열이고 가운데는 노란색이다. 교배종이 많고 꽃잎은 5~9장으로 저마다 다르다.

씨앗
씨는 얇고 동그란 황갈색이다. 가지 한 개에 무려 500~2,500알이 들어 있다.

잎
잎에는 보라색 잎맥이 있고, 앞면과 뒷면에 모두 미세한 털이 촘촘하게 나서 만지면 거칠다.

밑에서 비범한 재능을 가진 아이는 태어나지 않는다는 의미의 '오이 덩굴에 가지 날까'는 옛날에 가지가 비쌌기 때문에 나온 비유 표현이다. 하지만 재배되는 가지는 반드시 우수한 유전자를 남긴다는 특징이 있다. 수확량이 많고, 질병에 강한 유전자를 확실히 남기는 비범한 야채인 것이다.

매끄러운 열매인 줄 알았는데 가시가 있다

일본의 명절 오봉(お盆)에는 '정령마'라는 오이로 만든 말과 가지로 만든 소를 바친다. 조상의 영혼이 올 때는 말을 타고 빠르게 오고, 돌아갈 때는 소를 타고 느긋하게 경치를 즐기길 바라는 마음에서 비롯되었다. 그런데 가지 꼭지에는 가시가 있다. 여유롭게 경치를 바라볼 때가 아니다. 가시는 야생 식물이었을 때 남은 흔적으로 동물에게 먹히지 않도록 몸을 보호하는 역할을 했다. 가짓과 중에는 기본적으로 독이 있는 식물이 많다. 흰독말풀, 담배, 감자 싹 등 말하려면 끝이 없다.

가지 실험을 해 보자

가지로 리트머스 실험 액체를 만들어보자

가지 껍질을 모아서 끓이면 푸른색에서 보라색이 나는 물이 된다. 이렇게 조린 물을, 식을 때까지 기다리다가 빈 병에 옮긴다. 여기에 레몬즙이나 식초(산성)를 넣으면 분홍색으로 변하고, 베이킹소다(알칼리성)를 넣으면 푸른색이나 녹색으로 변한다.

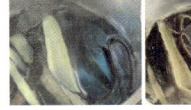

가지와 닮은 식물

[도깨비가지]

목장갑을 끼고 있어도 손에 박힐 정도로 무시무시한 가시가 있다. 뿌리가 아주 조금만 남아 있어도 저절로 잘 자라며, 미니 토마토를 닮은 열매에는 맹독이 있다.

열매 맺는 방법
꽃이 진 자리에 과실이 난다. 자외선을 받고 색이 물들기 때문에 꼭지 안쪽은 하얗다.

밭의 모습
노지에서 자라는 경우 제철은 7~10월이지만, 하우스에는 일 년 내내 재배된다. 수분이 부족하면 열매가 거칠어진다.

BELL PEPPER

Capsicum annuum var. grossum

피망

가짓과

키우기 쉬워요 ◆◆◆

속은 비었는데 쓴맛 나는 친구

아이들이 싫어하는 야채의 1인자 피망.
아니나 다를까 피망은 고추를 개량해 만들었다.
무르익지 않은 열매에는 쓴맛 나는 성분이 풍부하다.
맛을 들키지 않으려고 잘게 썰수록 쓴맛이
더 강해지니 조심해야 한다.

원산지 열대 아메리카
주요 산지 일본 이바라키, 미야자키, 고치, 가고시마 | 한국 경남 진주, 강원 평창, 강원 춘천 등
제철 일본 7~9월 | 한국 8~11월
재배법 화분에서 재배 가능하다. 햇볕에 드는 장소에서 물을 자주 준다.
크기 20~30cm
생육 적정 온도 25~30℃
식용 부위 과실
다른 명칭 서양고추, 단고추
꽃말 바다의 은혜, 바다의 이익

피망 BELL PEPPER

왜 속이 텅 비어 있을까?

어떤 사람을 피망에 비유할 때 '생각이 없다', '속이 없다'라는 의미로 쓴다. 사실 이만큼 속이 텅 빈 야채는 또 없지 않을까. 이 사실을 모르고 피망을 자르면, 잘못 골랐다고 생각할 만큼 아주 깔끔하게 비어 있다. 그런데 옛날에는 꽉 차 있었다. 하지만 피망에 있는 솜 부분 때문에 먹을 수가 없어서 이 부분을 없애고 껍질만 먹었다. 그러다 껍질은 더 두껍게, 속에는 아무것도 없게 품종 개량을 한 것이다.

피망은 매운맛을 뺀 고추의 일종

여름에 마트에 가면 꼭 있는 여름철 야채 중 하나다. 키워 보면 알겠지만 피망과 고추는 잎과 꽃이 똑같이 생겼다. 아니나 다를까 피망은 고추를 개량한 야채다. 아무래도 피망이 더 친근감이 드니까 피망이 먼저고 고추가 나중이라고 생각하지만, 의외로 고추가 먼저 확산되었다. 피망과 학술적으로 동일한 야채로 분류되는 꽈리고추도 매운맛이 난다. 고추는 영어로 칠리 페퍼(Chilli Pepper), 피망은 영어로 'Bell Pepper' 또는 'Sweet Pepper'다. 일본에서도 피망을 한자로 쓰면 '甘唐辛子'인데 이는 단 고추라는 의미다. 그리고 피망도 완전히 성장하면 붉은색이 된

꽃

5~9월. 꽃은 하얀색이고 꽃잎은 대개 5~7장이다. 자가 수분을 더 쉽게 하려고 아래를 향해 핀다.

씨앗

씨는 열매 위쪽에 모여 있다. 다른 방향으로 썰면 씨가 어디에 있는지 잘 보인다.

잎

시원하게 뻗은 잎은 부드럽고 잎맥이 선명하게 보인다. 고추의 잎과 닮았다.

다. 다만 고추와는 달리 이 붉은 열매는 달다. 참고로 '피망'은 영어가 아니므로 외국에서 피망을 말할 때는 주의해야 한다. 피는 오줌(pee), 망은 남성(man)이라는 뜻으로 말인즉슨 '오줌싸개'가 되고 만다.'

혈류를 개선하는 우수한 야채

속은 텅 비었고, 쓴맛까지 나서 좋은 점이 하나도 없어 보이지만, 사실 피망에만 있는 피라진(pyrazine)이라는 영양 성분은 뇌경색, 심근경색 등 고혈압을 예방한다. 이 경우에는 솜 부분을 많이 먹어야 좋다. 또 비타민 C도 풍부해서 성인이 먹으면 좋은 음식이다. 적어도 약보다는 피망을 맛있게 먹는 것이 백 배는 더 좋은 방법이다.

피망 실험을 해 보자

통째로 구워서 먹어 보자

썰면 썰수록 쓴맛이 강해지는 피망. 바비큐나 오븐에 피망을 통째로 구워서 먹어 보자. 쓴맛이 나지 않아서 먹기 편하다.

피망과 닮은 식물

[파프리카]

파프리카도 피망과 같은 가짓과 고추 속 야채다. 학명도 같아서 분류상으로는 동일한 야채로 보지만 마트에서는 완전히 다르게 취급한다. 통칭 '컬러 피망'으로도 불린다. 녹색 피망은 성숙하지 않은 상태에서 수확하지만, 파프리카는 성숙한 상태여서 피망보다 달다.

열매 맺는 방법
피망은 꽃이 진 자리에 생긴다. 얼마 후 오렌지색, 이내 붉은색으로 변하고 단맛이 난다.

밭의 모습
텃밭 재배라면 화분에서도 충분히 잘 자란다. 이른 시기에 수확을 반복하면 가을까지 열매가 나는 경우도 있다.

CHILI PEPPER

Capsicum annuum

고추

가지과

키우기 쉬워요 ◆◆◆

자극적이고 매운맛으로 세계를 제패하다

'매운 음식' 하면 고추가 들어간 요리가 떠오른다.
맛있으니까, 영양이 풍부하니까, 식이섬유가 풍부하니까,
포만감을 느끼려고 고추를 찾는다.
본래 인간이 야채에 바라는 목적을 뛰어넘어 '매운맛'이라는
매력 하나로 전 세계의 식문화를 뒤바꾼 마성의 야채.

원산지 열대 아메리카
주요 산지 일본 도치기, 오이타, 후쿠오카 | 한국 경남 밀양, 경북 영양 등
제철 일본 7~10월 | 한국 6~11월
재배법 화분에서도 재배 가능하고 수확하기까지 약 한 달 걸린다. 햇볕이 드는 장소에서 물을 자주 준다.
크기 60~80cm
생육 적정 온도 25~30℃
식용 부위 과실
다른 명칭 남만초, 번초, 고초
꽃말 옛 친구, 고상한 멋, 질투, 생명력

고추 CHILI PEPPER

세계의 식문화를 바꾼 '매운맛'

콜럼버스의 신대륙 발견 이후 감자, 토마토 등이 전 세계로 확산하면서 지금은 없어서는 안 될 식재료로 자리매김했다. 그런데 고추의 영향력은 이보다 더 막강했다. 콜럼버스의 항해 목적은 당시 화폐에 버금가는 가치를 가진 후추를 인도에서 스페인으로 가지고 돌아오는 것이었다. 그런데 신대륙에서 고추를 알게 되었고 이를 스페인으로 가지고 돌아왔는데 순식간에 전 세계로 고추가 확산하여 전 세계의 식문화가 크게 바뀌었다. 지금은 중국의 마파두부나 칠리 새우, 한국의 김치, 이탈리아의 페페론치노 등 그 나라 요리의 기본이 되는 요리에 쓰이고 있다.

붉은 열매는 씨를 운반하기 위한 미끼인데…

식물에는 왜 붉은 열매가 날까? 지금이 제일 단맛 나고 맛있다는 신호를 보내면 동물이 그 열매를 먹고 자신의 씨를 멀리까지 운반해 주기 때문이다. 그런데 고추는 색은 붉으면서 먹히기는 싫은지 매운맛이 난다. 맵고 쓴맛은 독을 먹었을 때의 맛과 비슷하기 때문에 동물들이 피하는 것은 당연하다. 그런데 새는 다르다. 매운맛과 독에 강해서 새가 아니면 먹지 못하는 독이 있는 나무 열매가 많다. 고추도 그중 하나다. 새는 하늘을 날기 위해 최대한

꽃
5~9월에 꽃이 핀다. 하얀색 꽃이고 꽃부리(화관)는 5~7갈래인 경우가 많고, 약간 아래를 향해 핀다.

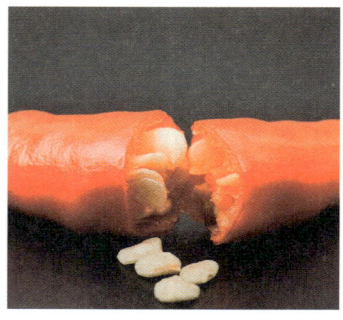

씨앗
과실 안에 씨가 많이 들었다. 고추를 말리면 씨를 쉽게 제거할 수 있다.

잎
피망과 파프리카의 잎과 굉장히 닮은, 길고 얇은 부드러운 잎이다. 이 상태에서는 어떤 식물인지 구분이 어렵다.

빨리 소화하고 배출시켜 몸을 가볍게 해야 한다. 씨가 조금이라도 광범위하게 운반되길 바라는 식물에게 하늘을 나는 새는 환상의 짝꿍이다. 아래를 향해 핀 꽃의 열매가 붉어지면서 위를 향해 여물어 가는 것도 새의 눈에 잘 띄기 위해서일지 모른다.

매운맛은 통증. 뒤따라오는 쾌감에 중독된다

인간이 느끼는 미각은 단맛, 짠맛, 신맛, 쓴맛, 감칠맛 다섯 가지다. 매운맛은 미각이 아니고 자극이면서 통증이다. 고추에 들어 있는 캡사이신이 신체를 자극하고, 이러한 이상 증상을 빨리 치료하기 위해 위장이 활발해지거나, 뇌의 모르핀이라고 불리는 엔도르핀도 분비되면서 통증과 피로가 줄어든다. 이렇게 인간은 고추에 중독되고 계속해서 매운맛을 탐닉하게 된다.

고추 실험을 해 보자

원예용 분무기를 만든다

야채를 키울 때 진딧물이나 진드기가 생기면 농약을 쓰는 대신 벌레의 접근을 막는 액체를 만들자. 일단 빈 병에 고추를 많이 넣고 35도 이상 되는 술(보드카 또는 진 등)을 부어서 한 달간 어두운 장소에 보관한다. 그리고 물로 300배 희석해서 잎에 뿌린다. 눈에 들어가지 않도록 조심한다.

고추와 닮은 식물

[피망]
고추는 피망과 파프리카의 친척이기 때문에 열매가 나기 전의 꽃과 잎의 생김새가 굉장히 닮았다.

[관상용 고추]
식용이 아니라 정원을 꾸미는 관상용 고추이므로 먹을 수 없다.

열매 맺는 방법
꽃은 고개를 숙이고 피지만, 꽃이 진 후에 생긴 열매는 위를 향해 있다. 드문드문 열매가 익어 있다.

밭의 모습
키가 생각보다 크지 않아서 베란다에서도 재배 가능하다. 수확도 간단하다.

BITTER MELON

Momordica charantia

여주

박과

키우기 쉬워요 ◆◆◆

날렵하고 역동적이다!

식물은 동물과 다르게 움직이지 못한다.
하지만 여주는 잽싸게 덩굴을 뻗고, 더 좋은 장소를 고르고 휘감는다.
공중에 뜬 여주 덩굴을 만나면 십 분간 보고 있어 보자.
휘감는 모습을 볼 수 있다.

원산지 동인도, 열대 아시아
주요 산지 일본 오키나와, 미야자키, 가고시마 | 한국 경남 함양, 경북 울진, 전남 해남 등
제철 일본 6~8월 | 한국 6~8월
재배법 화분에서 재배 가능하다. 햇볕이 잘 드는 장소에 심는다. 지지대를 세우고 원예용 망을 친다.
크기 2m 이상
생육 적정 온도 20~30℃
식용 부위 과실
다른 명칭 고과, 긴여주, 여지
꽃말 강건

여주 BITTER MELON

쓴맛이 맛있게 느껴지면 스트레스 탓?

여주의 한자 苦瓜(쓸 고, 오이 과)를 보면 알 수 있듯 쓴맛이 상당히 강하다. 안에 있는 씨와 솜 부분을 제거한 뒤, 물에 불려서 씁쓸한 맛을 없애고 기름에 볶으면 절묘하고 깊은 맛이 난다. 여주는 여러 야채를 볶아 만든 오키나와 향토 요리인 고야찬푸루에서 빼놓을 수 없는 재료다. 여름 보양식으로도 좋지만, 스트레스가 많고 피곤하면 쓴맛이 맛있게 느껴진다고 한다. 요즘 쓴맛을 좋아하는 아이들이 많아진 이유가 혹시 이 때문일지도?

이름은 여러 개 있고 정해지지 않았다

일본에는 여주를 부르는 이름이 다양하다. 오키나와에서는 '고-야(ゴーヤー)', 다른 지역에서는 '고-야(ゴーヤ)', 도감에서는 '니가우리(ニガウリ)', 원예 분야에서는 '쓰루레이시(ツルレイシ)' 등이 있다. 비교적 최근 들어 먹기 시작한 여주는 사실, 아주 오래전에 오키나와 밖으로 반출을 금하던 시기도 있었다. 그 이유는 오이과실파리(멜론 파리)라는 큰 해충이 일본 전역에 확산하는 것을 막기 위해서였다. 지금은 완전히 박멸되어 마음 놓고 텃밭에서 여주를 키울 수 있다. 그런데 농약으로도 죽지 않는 이 해충을 어떻게 박멸했을까? 그 방법은 이러하다. 수정 능력을 망가뜨린 수컷 오이과실파리를 헬리콥터에서 대량으로 뿌리면(!) 암컷이 알을 낳지 못하므로 수십 년이

꽃
6~8월. 노란색 꽃 밑에 작은 열매 모양이 암꽃이다. 수꽃보다 조금 늦게 핀다.

씨앗
보통은 성숙하지 않은 녹색 열매를 먹는다. 무르익으면 노란색에서 오렌지색으로 변하고 가르거나 찢어서 씨를 빼낸다. 씨 주변은 새빨갛고 달다.

잎
톱니형 잎은 어긋나 있고, 잎과 짝을 이루는 덩굴은 주변에 있는 것을 휘감고 줄기를 지지하면서 기어오른다. 빠르면 하루에 10cm 이상 자라기도 한다.

지난 후에는 완전히 사라진다는 것이다. 여주를 식탁에 올리기 위해 이렇게 큰 그림을 계획했다니 놀라울 따름이다.

잘 익은 여주는 붉고 달다!

여주는 특별한 관리 없이도 튼튼하게 자란다. 여름 태양을 차단하는 그린 커튼 용도로 창가에 심기도 한다. 생육 속도가 빠른 덩굴은 어느새 주변에 있는 것을 붙잡고 휘감는다. 게다가 자세히 보면, 용수철처럼 좌우 반대 방향으로도 휘감고 있다. 덕분에 바람이 어디서 불어오든 덩굴이 늘었다 줄었다 하면서 웬만해서는 떨어지지 않는다. 우리에게 익숙한 녹색 여주는 아직 무르익지 않은 풋과실이다. 성숙해지면 노란색에서 붉게 변하고 단맛이 난다. 옛날에는 아이들이 씨 주변에 있는 젤리 같은 부분을 간식으로 먹었다고 한다. "오늘 간식은 이거야"라고 웃으면서 아이에게 말한 뒤, 창 너머에 무르익어 터진 여주를 따 먹어 보는 것도 신선한 체험이 아닐까? 야생에서 얻는 간식이라니, 올여름 한번 해 보면 어떨까?

열매 맺는 방법
암꽃 아랫부분이 크게 자라서 열매가 된다. 성장하면 표면에 있는 돌기도 잘 보인다.

밭의 모습
키가 생각보다 크지 않아서 베란다에서도 재배 가능하다. 수확도 간단하다.

여주 실험을 해 보자

오렌지색이 될 때까지 키우다 무르익으면 먹어 보자

베란다 등에서 키운 여주를 녹색일 때 수확하지 말고 더 기다려 보자. 노란색에서 오렌지색으로 바뀌면 열매가 터지고 속에 있는 붉은 씨가 보인다. 씨 주변을 핥아서 먹어 보자.

돋보기로 표면을 살펴보자

돋보기로 여주의 표면을 확대해서 보면 공룡의 등처럼 생겼다.

여주와 닮은 식물

[수세미오이]

여주처럼 여름에 왕성하게 자란다. 꽃과 잎의 생김새는 닮았지만, 열매는 한눈에 봐도 다르다. 식용으로도 먹을 수 있고, 더 키운 다음 잘 세척해서 섬유질로 수세미를 만들 수 있다.

CUCUMBER

Cucumis sativus

오이

박과

키우기 쉬워요 ◆◆◆

무르익기 전이라 녹색이고 날씬하다

오이는 날씬하고 녹색이다. 초등학생도 다 아는 상식이다.
그런데 사실 오이는 동그랗고 뚱뚱하며, 노란색이다.
우리가 먹는 오이는 아직 성숙하지 않은 말라깽이에 설익은 열매다.

원산지 인도, 히말라야 산기슭
주요 산지 일본 미야자키, 군마, 사이타마 등 | 한국 충남 천안, 경북 상주, 충북 진천 등
제철 일본 7~11월 | 한국 6~8월
재배법 모종을 심어 키운다. 화분에서도 재배 가능하다. 햇볕이 잘 드는 장소이고 물이 잘 빠져야 한다.
크기 2m 이상
생육 적정 온도 20~25℃
식용 부위 과실
다른 명칭 호과, 황고
꽃말 익살

오이 CUCUMBER

오이는 원래 녹색이 아니라 노란색

일본에서는 오이를 큐리(キュウリ)라고 하는데, 옛날에는 키우리(キウリ)라고 했다. 단순히 발음하기 편해서 이름이 바뀌었다는 이야기가 있다. '키우리, 키우리, 키우리…' 라고 열 번 정도 말하다 보면 어느새 '큐리'가 되었기 때문 아닐까. 옛날에는 오이도 다른 박과 야채와 마찬가지로 동그랗고 뚱뚱한 노란 과실일 때 먹었다. 그러던 중 참외를 비롯해 더 맛있는 박과 야채가 등장했고, 시험 삼아 덜 익은 오이를 먹어 보았는데 의외로 맛있어서 이후로도 녹색 오이를 먹게 되었다. 궁금하다면 오이를 재배하다 수확 시기를 놓쳐 보자. 도깨비처럼 크고 노란 오이를 만날 수 있을 것이다.

오이는 가장 영양가 없는 야채?

오이의 95%는 수분으로 이루어져 있어서인지 영양가 없는 야채라고 알려졌다. 하지만 카로틴이나 칼륨 등이 풍부하고 체내의 수분을 조절하기에 딱 좋다. 여름에는 열사병도 예방한다. 게다가 야채 중에서 칼로리가 가장 낮아서 몸매를 관리하는 사람들이 좋아한다.

꽃
6~8월 무렵에 노란색 꽃이 핀다. 자웅이화이고, 하나의 모종으로 자가 수분이 가능하다. 크기는 약 3cm다.

씨앗
씨가 꽉 차 있다. 다만 무르익기 전이라 씨도 미숙해서 발아 능력이 없다.

잎
하트형이다. 마디에서 덩굴을 교차로 뻗어내며, 주변 것을 붙잡고 성장한다.

휜 오이가 더 맛있다?

마트에서 파는 오이는 대부분 일자 모양이다. 옛날에는 휜 오이가 인기가 없었고, 진열대나 상자 규격 때문에 휜 오이는 유통하지 않았다. 요새는 자연 친화적 사고방식이 퍼져 휜 오이가 더 자연에 가깝고 맛있다는 사람도 있다. 하지만 생김새는 맛과 무관하다. 수분이 많은 오이는 과육도 무거워서 가만히 두어도 중력 때문에 어느 정도 곧게 자란다. 또 자연의 오이는 균일하게 자라지 않아서 휜 오이도 있고 곧은 오이도 있다. 맛이 달라졌다면 차라리 다른 개량에 의한 영향이 더 크다. 옛날 오이에는 가시가 많았고 하얀 가루 같은 것이 붙어 있었다. 반면 요즘 오이는 매끈하고 하얀 점도 없다. 오이의 하얀 가루는 농약으로 오해받고, 가시에 대한 불만도 높아지면서 지금의 오이로 개량되었다. 이제 이런 문제점은 대부분 해결되었지만 맛은 예전 오이가 더 깊었다. 맛보다 겉모습을 중시하다니 조금은 슬프다.

열매 맺는 방법
암꽃 아랫부분이 성장해서 과실이 된다. 가시 모양의 털이 전체적으로 빼곡하다. 성장 속도는 상당히 빠르다.

밭의 모습
가정에서도 수확할 수 있지만, 높이 자라기 때문에 지지대와 덩굴을 유인하는 망이 필요하다.

오이 실험을 해 보자

오이에 소금을 넣으면 어떻게 될까?
95%가 수분인 오이의 수분을 제거해 보자. 오이를 절반으로 썰어 가운데 부드러운 부분을 도려낸다. 그 안에 소금을 작은 스푼으로 두 숟갈 넣는다. 잠시 후 구멍 안에 물이 고인다.

오이와 닮은 식물

[주키니 호박]
겉으로 보면 오이와 닮았지만, 호박의 일종으로 맛도 다르고 열매가 나는 방법도 다르다.

[동과]
오이와 같은 박과다. 7~8월이 제철인 여름 야채. 겨울까지 수확된다고 해서 동과(冬瓜 겨울 오이)라고 부른다.

TARO

Colocasia esculenta

토란

천남성과

키우기 쉬워요 ◆◆◇

삼대가 함께 있다

토란은 어미 토란 옆에 새끼 토란이 나고
새끼 토란 옆에는 손자 토란이 난다.
사이좋게 함께 있는 모습은 자손 번영의 상징이 되었고
일본에서 가장 오래된 야채이기도 하다.
산속에 나면 참마, 사람이 사는 마을에 나면 토란이다.
(토란을 뜻하는 사토이모(サトイモ) 중 '사토'가 '마을'이라는 의미-옮긴 이)

원산지 인도, 동남아시아 등 여러 설이 있다
주요 산지 일본 사이타마, 지바, 미야자키 | 한국 경기 용인, 충남 서천, 전남 곡성 등
제철 일본 8~12월 | 한국 9~11월
재배법 씨 토란을 땅에 심는다. 큰 화분을 사용하면 재배 가능하다.
크기 1.2~1.5m
생육 적정 온도 25~30℃
식용 부위 덩이줄기
다른 명칭 토련
꽃말 번영, 사랑의 찬란함, 순수한 기쁨

토란 TARO

옛날에 감자 芋는 토란을 가리켰다

토란은 일본인에게 특별한 야채다. 조몬 시대(기원전 1만 4900년부터 기원전 300년), 토란은 쌀보다 먼저 일본에 들어왔다. 그 흔적으로 일본에서는 설날 음식이나 떡국에 토란을 넣었고, 음력 8월 15일 보름달이 뜨는 날을 토란을 바치는 풍습에서 우명월(芋名月)이라고 부르기도 한다. 벼농사가 시작된 후에는 쌀이 주식이 되었다. 일본에서 芋(토란 우)는 감자, 고구마, 토란 등을 총칭하는 말인데, 당시에는 '芋'라고 하면 토란을 가리켰다. 그러나 점점 산 주변에 있는 마을이 줄어들면서 토란을 먹지 않게 되었고, 현대에 이르러서는 감자와 고구마에게 芋의 자리를 빼앗기게 되었다.

관엽 식물을 연상시키는 훌륭한 잎

어미 토란은 줄기 바로 아래에 있고 크고 묵직하게 생겼다. 그 옆에 동그랗고 작은 것이 새끼 토란이다. 이 새끼 토란 옆에 또 작은 토란이 나는데 이를 손자 토란이라고 부른다. 시중에 판매되는 토란은 새끼 토란 아니면 손자 토란이다. 이러한 토란의 잎은 놀랄 만큼 크고 훌륭하다. 남쪽 나라 분위기가 물씬 나서 잡화점이나 원예점에서 멋진 관엽 식물로 팔 수 있을 정도다. 그럴 만도 한 게, 토란은 동남아시아에서 태어났다. 큼직한 잎이 양옆으로

꽃
8~9월. 열대식물이라서 원래 일본에서는 피지 않는다. 흰스컹크캐비지(물파초)처럼 노란색 꽃이다.

씨앗
꽃 밑에 둥근 과실이 많이 열리는데, 일본에서는 거의 꽃이 피지 않으므로 씨 토란을 심는다.

잎
1m가 넘는 긴 잎자루를 뻗어내고, 잎은 30~50cm 크기의 하트형이다. 잎의 표면은 물을 튕겨낸다.

펼쳐져 있다. 보통은 작은 잎들이 많아야 더 효율적으로 햇빛을 흡수하지만 숲속 깊은 곳, 햇빛이 거의 닿지 않는 환경에서는 약한 햇빛도 놓치지 않고 흡수해야 한다. 토란의 조상은 열대우림 정글에서 커다란 잎을 접시형 안테나처럼 펼쳐서 죽을힘을 다해 햇빛을 흡수했다.

물을 튕겨내는 특별한 구조

비가 많이 내리는 곳에서는 잎이 잘 썩는다. 하물며 큰 잎은 더 잘 썩는다. 하지만 토란잎은 물을 튕겨낸다. 비유하자면 방수가 잘 되는 우산같이 보송하고 광이 없는 질감이다. 윤기 나는 잎이 물을 튕겨낼 것 같지만, 우산을 생각해 보면 유광의 비닐우산에는 물방울이 달라붙고, 보송보송한 질감의 우산은 물을 튕겨낸다. 토란잎을 확대해서 보면 표면에는 왁스 같은 투명한 알갱이가 배열돼 있다. 토란잎과 비슷한 질감으로는 연꽃잎이 있다. 이렇게 물을 튕겨내는 구조를 '연꽃잎 효과(Lotus effect)'라고 한다.

토란 실험을 해 보자

관엽 식물처럼 키운다
마트에서 사 온 토란을 화분에 넣어 키워보자. 잘 자라면 방 인테리어로 활용할 수 있다.

열매 맺는 방법
어미 토란을 에워싸는 모양으로 새끼 토란이 자란다. 토란은 땅속에서 거대해진 줄기다.

밭의 모습
밭고랑에서 이런 광경을 흔히 볼 수 있다. 이 거대한 잎 아래에 토란이 있다. 제철은 10~12월이다.

토란과 닮은 식물

[알로카시아 오도라]
알로카시아 오도라의 이름은 '먹지 않는 토란'이라는 뜻으로, 실제로도 먹을 수 없다. 잎의 질감도 다르고, 토란잎보다 더 플라스틱 같아 보인다.

PUMPKIN

Cucurbita maxima

서양 호박

박과

키우기 쉬워요 ◆◆◆

악착같고 튼튼한 세계적 유명 인사

호박 하면 옛날에는 조림 요리 등 할머니가 먹는 반찬이 떠올랐는데
지금은 누가 뭐래도 핼러윈의 상징 잭 오 랜턴으로 유명하다.
일본에서는 동짓날에 호박을 먹어야 좋다던데
지금은 가을의 미각 중 하나가 되었다.
그런데 호박은 원래 한여름에 수확한다.

원산지 중앙아메리카(일본 호박), 남아메리카(서양 호박)
주요 산지 일본 홋카이도 | 한국 경기 연천, 경북 안동, 전북 순창 등
제철 일본 10~1월 (수확은 8~10월)| 한국 6~11월(노지), 2~7월(시설재배)
재배법 햇볕이 잘 드는 밭 등에 모종을 심는다. 꼭지에 코르크 모양처럼 금이 많이 보일 때가 수확할 시기다.
크기 150cm
생육 적정 온도 20~25℃
식용 부위 과실
다른 명칭 단호박, 밤호박
꽃말 확대, 겉모습을 꾸미다

서양 호박 PUMPKIN

왜 호박은 핼러윈의 상징이 되었을까?

호박은 단단하고 튼튼하다. 늠름한 자태를 보고 키우기 어렵지 않을까 생각할 수도 있지만, 의외로 간단해서 특별한 관리 없이도 잘 자란다. 심지어 버려진 씨에서도 군생해서 자랄 정도로 악착같은 면이 있다. 이런 특성 덕분에 신데렐라 동화에서도 마차로 변신할 수 있던 것이다. 길바닥에 굴러다니는 호박과 주변에 있던 생쥐는 마법으로 마차와 마부가 되고, 허름한 신데렐라는 아름답게 변신한다. 그리고 마침내 무도회장에서 왕자와 만났기 때문에 이 현실과 환상 사이에 꿈이 존재한다. 잭 오 랜턴은 원래 순무를 사용했지만, 핼러윈이 미국에 전해질 때 쉽게 구할 수 있는 호박으로 바뀌었다고 한다. 즉 어디에나 있는 평범한 야채라서 상징이 될 수 있었다.

덩굴성 식물 특유의 번식력

호박의 튼튼한 잎과 줄기는 가로로 뻗고 거기서 또 덩굴을 뻗어 나간다. 덩굴성 식물은 대체로 빠른 시일 내에 악착같이 애써서 커진다고 생각하면 된다. 시간을 들여 줄기가 굵어지고 곧게 선 식물이 보기에는 튼튼하지만, 바람이 불어 부러지면 죽는다. 반면 덩굴성 식물은 직립을 포기하고 벽이나 지면에 힘없이 기대어 효율적으로 성장

꽃

5~8월. 꽃은 노란색이고 크다. 암꽃 밑에 있는 동그란 것이 호박이 된다.

씨앗

열매 안에 씨가 빼곡하게 있다. 심을 때 씨를 세척하지 않으면 싹이 나지 않는다.

잎

크고 튼튼하고 둥근 잎이 한여름의 햇빛과 비로부터 열매를 지킬 수 있게 뒤덮고 있다.

에너지를 쓴다. 호박은 열매와 씨가 단단하고 튼튼하다. 모든 에너지를 여기에 쏟은 것이다.

수확 후, 몇 달 동안 상온 보관이 가능하다

호박의 열매는 수확한 후 몇 달은 보관해 둔다. 오히려 기다렸다가 먹어야 더 달고 맛있다. 그래서 한여름에 수확한 호박을 겨울에도 먹을 수 있다. 생선과 다르게 야채나 과일은 신선할수록 무조건 더 좋다고 할 수 없다. 장기 보관이 가능한 호박은 한때 귀중한 식재료였다. 게다가 포만감도 영양가도 높다. 수프로도, 간식으로도, 디저트로도 만들 수 있다. 이런 편리함 덕분에 전 세계로 확산된 호박이지만, 이제는 뭐든 냉동 보관이 가능해져서 호박에 대한 고마운 마음이 무뎌졌을 수도 있다. 그래도 요즘은 핼러윈에서도 호박을 사용하고, 건강에 관한 관심이 높아지면서 호박씨가 슈퍼 푸드로 주목받고 있다. 호박은 어느 시대, 어디에 있어도 악착같이 살아남을 수 있을 것 같다.

열매 맺는 방법
암꽃이 시들면 그 밑에 있는 동그란 것이 열매가 되고, 점점 부풀어 오르면서 성장한다.

밭의 모습
상처가 나지 않도록 망이나 짚을 깔아두고 6~9월에 수확한다. 보관한 호박은 겨울까지 출하한다.

호박 실험을 해 보자

씨를 여기저기에 심어 보자
호박을 먹을 때 버리는 씨를 잘 세척한 뒤, 다양한 곳에 넣어 놓고 물을 주면서 싹이 나는지 실험해 본다. 사진에서는 털실, 스펀지, 키친타월, 찢어진 종이로 실험했다. 네 군데에서 모두 싹이 났다!

호박씨를 먹어 보자
씨를 심지 않고 먹는 방법도 있다. 세척한 뒤 볶으면 먹을 수 있다.

호박과 닮은 식물

[땅콩호박]
미국에서 대중적인 호박의 일종. 포타주 등을 만드는 데 적합하다.

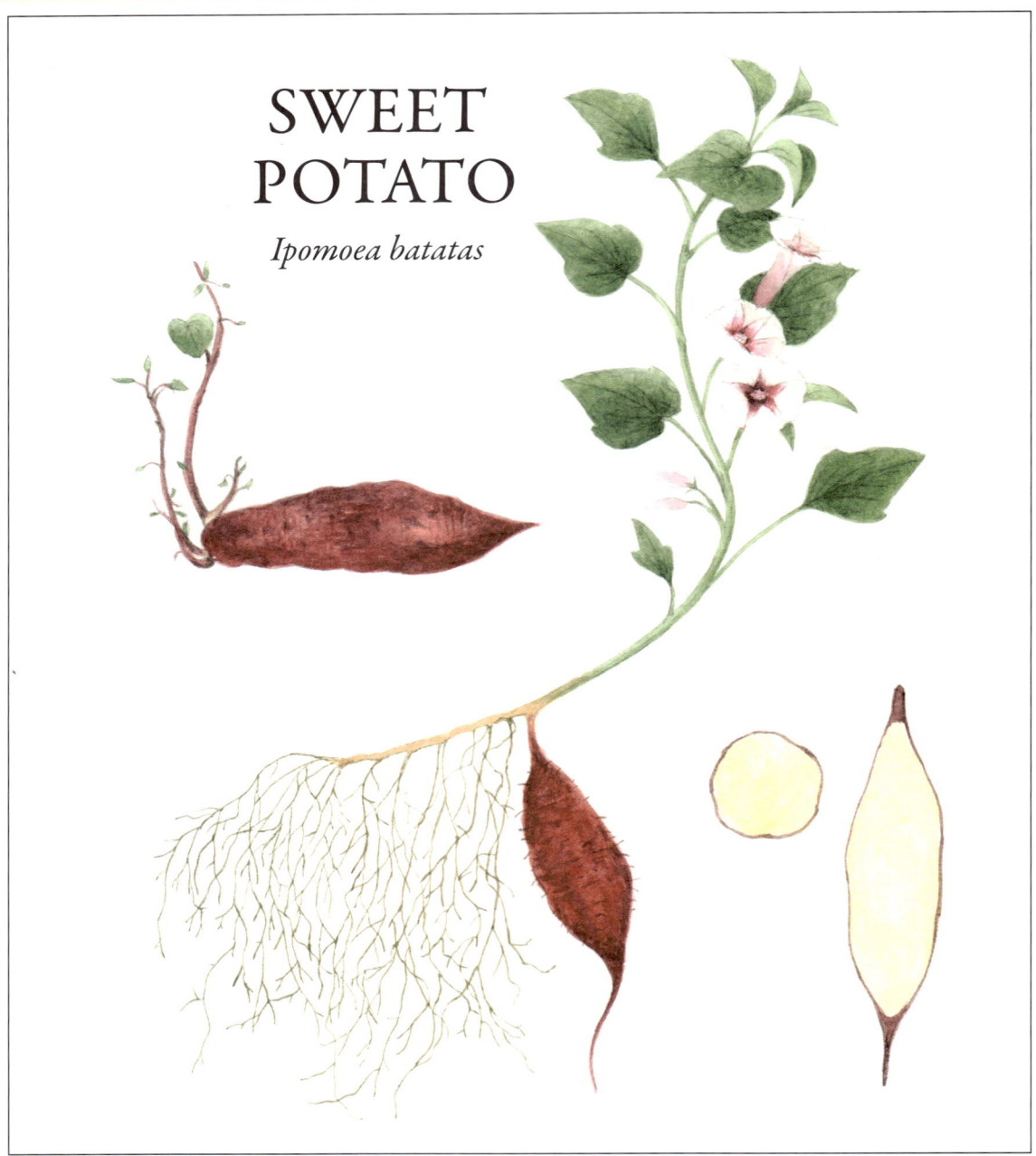

고구마

메꽃과

키우기 쉬워요 ◆◆◆

어느 세대든 추억이 있다

고구마는 아이에게도 어른에게도 친근한 야채의 대명사.
어린이에게는 고구마를 캐던 즐거운 추억이.
젊은 여성에게는 군고구마 디저트 열풍이.
어르신에게는 식량난 때 먹은 쓰라린 기억이.
고구마는 일본인에게 떼려야 뗄 수가 없는 존재다.

원산지 중앙아메리카
주요 산지 일본 가고시마, 이바라키, 지바, 미야자키 | 한국 충남 당진, 경기 여주, 전북 익산 등
제철 일본 10~1월 (수확은 9~11월) | 한국 8~10월
재배법 화분에서도 재배 가능하지만 밭에서 더 잘 자란다. 삽목을 심어서 키운다.
크기 약 30~40cm
생육 적정 온도 20~25℃
식용 부위 뿌리
다른 명칭 감저, 감서, 남감저 등
꽃말 소녀의 순정, 행운

고구마 SWEET POTATO

전쟁 중의 식량난을 해결한 야채

고구마만큼 세대에 따라 떠오르는 이미지가 다른 야채는 아마 없을 것이다. 음식은 기억과 깊게 관련되어 있다. 어린이는 밭에서 고구마를 캐서 신났던 기억이나, 맛있게 먹은 기억만 있다. 젊은 여성은 다이어트 중 먹을 수 있는 건강한 간식으로 고구마를 떠올린다. 그러나 연세가 있는 분 중에는 '두 번 다시 먹고 싶지 않다', '싫어한다'는 사람이 많다. 평소에는 뭐든 가리지 않고 잘 먹는데 왜 그러는 걸까? 전쟁 도중이나 전쟁이 끝난 뒤 식량을 구하기 힘들었던 시절에 질리도록 먹은 기억이 있기 때문이다. 게다가 당시의 고구마는 별로 맛있지 않았다. 그래서 고구마를 보면 전쟁의 어두운 기억이 되살아난다. 그 시절에는 학교든 주택 정원이든 흙이 있는 곳이라면 모두 갈아엎고 되는대로 고구마를 심었다.

군고구마 열풍은 여러 번 있었다

전쟁 때는 어떻게든 배를 채우기 위한 목적으로만 고구마를 먹었지만, 지금의 고구마는 그때와 달리 굉장히 달고 맛있다. 특히 군고구마의 단맛은 일품이다. 아주 오래전 에도 시대의 서민들도 군고구마를 좋아해서 포장마차도 많았다. 예전에도 여러 번 군고구마 열풍이 있었는데 지금 또다시 열풍이 불고 있다. 마트나 편의점에서도 군고구

꽃
8~9월. 꽃이 피는 일은 드물다. 나팔꽃과 매우 비슷하게 생겼지만 크기는 더 작다. 색은 연한 자주색이다.

씨앗
꽃이 피면 나팔꽃같이 생긴 씨를 얻을 수 있지만, 보통은 사진에서 보이는 줄기 모종을 심는다. 씨고구마를 이용해서 재배할 수 있다.

잎
밭의 한 구역이 하트형 잎으로 덮여 있다. 잎이 시들기 시작하는 무렵이 수확하라는 신호다.

마를 판다. 또 호박고구마, 베니하루카 고구마, 나루토긴토키 고구마, 실크 스위트 고구마 등 예전보다 단맛 나는 품종이 늘어난 배경에는 이 군고구마 열풍도 영향이 있을 것이다.

꽃과 잎을 보면 어떤 식물의 친척인지 알 수 있다

텃밭을 가꾸지 않는 사람도 어렸을 때 유치원이나 초등학교에서 고구마를 심어 본 경험이 있어서 고구마 모종이 무엇인지 대충은 알고 있다. 당시에는 '이렇게 시든 잎사귀 조각을 심는다고?'라고 생각했을 것이다. 게다가 흙만 뿌렸는데도 마법을 부리듯 고구마가 난다. 그러고 보니, 고구마 잎은 무언가와 비슷하게 생겼다. 만약 운 좋게 꽃을 본다면 어떤 식물의 친척인지 알 수 있을 것이다. 바로 나팔꽃이다. 고구마는 나팔꽃과 같은 메꽃과다. 생김새가 비슷한 식물끼리는 접목이 가능해서 고구마에 나팔꽃을 접붙이면 위에는 나팔꽃, 아래는 고구마인 희한한 식물이 된다.

고구마 실험을 해 보자

고구마 분재를 즐기자
그릇에 고구마를 담고 물을 채우면 잎이 계속 자란다.

고구마와 닮은 식물

[야콘]
겉모습은 고구마와 똑같다. 하지만 야콘은 국화과이고 맛과 식감은 배에 가깝다.

열매 맺는 방법
땅속 얕은 부분에 고구마가 많이 난다. 남은 고구마나 줄기에서도 다시 고구마가 난다.

밭의 모습
고온과 건조함에 강하고 척박한 땅에서도 잘 자란다. 키우기 쉽고 구매도 수확도 간단하다.

PEANUT
Arachis hypogaea

땅콩

콩과

키우기 쉬워요 ◆◆◆

땅콩의 기묘한 행동

땅콩은 한자로 '落花生(낙화생)'이다.
꽃이 진 자리에 새 생명이 태어나기 때문이다.
땅콩은 땅속에서 단단한 껍데기의 보호 아래 씨를 만든다.
콩과 중에서도 제일 독특한 개성파다.

원산지 남아메리카
주요 산지 일본 지바, 이바라키 | 한국 충남 부여, 전북 고창, 경북 안동 등
제철 일본 10~11월 | 한국 9~11월
재배법 모종을 사면 화분에서도 수확 가능하다. 햇볕이 잘 드는 장소에서 수확하기까지 한 달 걸린다.
크기 20~30cm
생육 적정 온도 25~28℃
식용 부위 과실
다른 명칭 남경두, 향후, 호콩
꽃말 친한 사이

땅콩 PEANUT

땅콩은 견과류가 아니다!

야채는 건강의 대명사다. 그런데 땅콩은 지방이 많고 야채 중에서도 손에 꼽힐 정도로 고칼로리다. 또 고단백질에 필수 아미노산이 들어 있고, 항산화 효과가 높은 비타민 E와 콜레스테롤 수치를 낮추는 올레산이 풍부하다. 그런데 땅콩을 야채라고 알고 있는 사람은 적다. 영어로 피넛(Peanut)이라고 하는데, 피(pea)는 '콩'이고 너트(nut)는 '나무의 열매'라는 뜻이다. 껍데기가 나무 열매처럼 단단해서인지 대부분 견과류로 분류해서 판매하고 있지만 땅콩은 콩이다. 이 사실을 잊지 않은 지역도 있다. 홋카이도, 미야자키, 가고시마 등 일부 지역에서는 입춘 전날 밤인 절분(節分)에 콩 뿌리기를 할 때 껍데기가 있는 땅콩을 뿌린다고 한다.

별나고 신비로운 땅콩의 생태

땅콩은 다른 콩과 식물처럼 땅 위로 열매가 나지 않는다. 꽃이 지면 끝부분이 밑으로 뻗어 나가서 땅에 박힌다(!). 그리고 더 파고 들어가 땅속에서 꼬투리를 만든다. 차원이 다른 별난 녀석이다. 우리가 먹는 부분은 씨 그 자체라서 삶거나 볶지만 않으면 땅에 뿌려도 싹이 난다. 여기서 궁금증이 생긴다. 왜 굳이 땅속으로 들어가 껍데기가 있는 씨를 만들까? 보통 단단한 껍데기는 외부의 적으로부터 스스로를 지키기 위한 것이다. 게다가 다른 식물들은

꽃
7~8월에 노란 나비 모양의 꽃이 핀다. 이른 아침에 꽃이 피고 저녁이 되면 시드는 일일화다.

씨앗
혈관처럼 울퉁불퉁하고 단단한 꼬투리에 들어 있다. 씨의 껍질은 붉은색이다.

잎
콩과답게 작고 둥근 잎이 무성하게 덮고 있다. 햇빛을 받아 땅속에 있는 씨에게 에너지를 공급한다.

조금이라도 더 먼 곳으로 씨를 퍼뜨리려고 노력하는데, 땅콩의 방식대로라면 영역을 넓히기는 어려울 것 같다. 왜 이런 전략을 고수하는 걸까?

그 독특한 껍데기에 숨은 비밀

땅콩의 원산지는 안데스산맥 산기슭의 건조 지대다. 불타오르는 태양으로부터 씨를 보호해야 한다. 그래서 단단한 껍데기를 땅속에 묻었다. 때때로 내리치는 폭우는 탁류가 되어 흘러가고 땅콩의 꼬투리는 멀리 휩쓸려 간다. 껍데기는 단단하지만 속은 비어 있고 코르크 같은 소재라서 가볍다 보니 물에 잘 뜨고 잘 휩쓸린다. 야생에 있던 시기의 땅콩은 이런 식으로 분포 영역을 넓혔을 것으로 추측된다. 껍데기의 주름진 마디는 물이나 영양분을 공급하는 관이다. 콩은 싹을 틔우기 위한 영양분 저장소라서 영양분도 많다. 떡잎이 나면 새의 표적이 되기 때문에 발각되지 않도록 땅콩은 지면에 거의 닿을까 말까 하는 곳에서 발아한다. 혹독한 환경 속에서 땅콩은 굉장히 특이하게 진화한 것이다.

땅콩 실험을 해 보자

불이 붙을까?

땅콩은 불이 붙을 정도로 유분이 굉장히 많다. 안전한 장소에서 타지 않는 물건 안에 땅콩을 넣고 불을 붙이는 실험을 보자. 어린이가 실험하는 경우 반드시 어른이 같이 있어야 한다.

땅콩과 닮은 식물

[아몬드]

마트에서는 닮은 꼴로 취급하지만, 둘은 완전히 다르다. 아몬드는 수목이 되는 견과류다. 꽃도 생태도 열매도 완전히 다르다.

열매 맺는 방법
꽃이 지면 씨방자루가 뻗어 나가 땅속으로 들어간다. 그 끝부분에서 꼬투리와 씨가 성장한다.

밭의 모습
꽃이 지면 씨방자루가 뻗어 나가 땅속으로 들어간다. 그 끝부분에서 꼬투리와 씨가 성장한다.

KONJAC

Amorphophallus konjac

곤약

천남성과

키우기 쉬워요 ◆◇◇

도대체 이것은 무엇일까?

곤약은 덩이줄기로 만든다. 그 젤리 같은 식감.
우리는 덩이줄기 자체가 아니라, 가공식품을 먹고 있다.
야채도 덩이줄기도 아닌 곤약. 가만 보면 이상한 음식이다.

원산지 인도차이나 반도
주요 산지 대부분 일본 군마에서 재배 | 한국 전남 곡성, 경북 안동, 경남 거창
제철 일본 10~11월 | 한국 4~5월
재배법 햇볕이 너무 세지 않고 강풍이 불지 않는 장소에서 키운다. 땅에서 파내어 한 번 옮겨 심는다.
크기 70~150cm
생육 적정 온도 13℃ 이상
식용 부위 덩이줄기
다른 명칭 구약나물, 콘냐크
꽃말 유연

곤약 KONJAC

곤약은 덩이줄기로 만든다

겨울이 되면 생각나는 오뎅. 이 오뎅에서 빼놓을 수 없는 메뉴가 곤약이다. 곤약은 토란의 친척인 구약나물이라는 덩이줄기로 만든다. 그러나 덩이줄기의 풍미와 식감은 거의 느껴지지 않는다. 애당초 이 구약나물은 날것으로는 먹을 수 없을 만큼 독성이 강하다. 덩이줄기에 있는 만난(mannan, 다당류의 일종)이라는 성분을 분말로 만들어 응고시킨 것이 곤약이며, 약 97%가 수분으로 이루어져 있다. 영양가가 거의 없어서 여성에게는 다이어트 식품으로 익숙하다.

곤약은 세상에서 가장 큰 꽃의 친척

곤약은 사찰 요리 등 일본의 전통적인 이미지가 있고, 덩이줄기는 평범하게 생겼는데 꽃의 생김새는 놀라울 정도로 파격적이다. 물파초나 칼라처럼 통 모양이 된 한 장의 꽃잎 속에서 진한 자주색 물체가 높고 곧게 자란다. 잎자루 기부에는 수꽃과 암꽃이 있고, 썩은 고기 같은 냄새가 난다는 특징이 있다. 수분을 하는 짝꿍은 파리 또는 장수풍뎅이다. 곤약의 친척 중에는 세상에서 가장 크기가 큰 꽃 '아모르포팔루스 티타눔(시체꽃으로도 불리며 높이는

꽃
그루가 커지지 않으면 꽃이 피지 않아서 상당히 보기 힘들다. 꽃을 보고 놀랄 수도 있다.

씨앗
꽃이 핀 후 녹색 과실은 알갱이 모양으로 변하고, 성숙해지면 오렌지색으로 바뀐다. 꽃이 피면 새끼 곤약이 만들어지지 않는다.

잎
잎이 여러 장 있는 것처럼 보이지만, 모두 다 이어져 있어서 잎은 한 장밖에 없다.

1~3m)', 세상에서 가장 키가 큰 꽃인 '타이탄 아룸(기가스 곤약으로도 불리며 높이는 3~4.5m) 등이 있다. 잎도 특이한데, 얼핏 보면 잎이 여러 장 있는 것처럼 보이지만 사실 잎은 한 장이고 모두 이어져 있다.

재배는 의외로 어렵고 섬세하다

구약나물은 잎에 흠집만 생겨도 병에 걸릴 정도로 섬세한 식물이다. 햇볕이 강하게 내리쬐거나 바람이 강하게 부는 곳, 배수가 나쁜 곳 그리고 산성 토양에서도 잘 자라지 않는다. 겉모습에 비해 연약한 존재다. 곤약을 키울 때는 4~5월 무렵에 씨곤약을 심고, 잎이 시들어 떨어지는 11월 무렵 땅에서 한차례 파낸다. 땅에서 파낸 덩이줄기를 말리고 신문지에 싸서, 바람이 잘 통하고 기온이 13도 이하로 떨어지지 않는 장소에 보관했다가 이듬해 봄에 다시 심는다. 곤약을 먹으면 위장이 깨끗해진다지만, 이렇게까지 고생해서 얻은 덩이줄기에서 영양가 하나 없는 곤약이 만들어진다니 힘이 빠진다.

곤약 실험을 해 보자

수제 곤약을 만들어 보자

구약나물 1kg을 잘 세척해서 싹을 제거한다. 구약나물 단면이 둥근 모양이 되도록 썰고 젓가락이 들어갈 정도로 삶는다. 다 삶았으면 껍질을 벗기고, 미지근한 물 3.2L와 껍질을 벗긴 덩이줄기를 다섯 번에 걸쳐 믹서기에 돌리고 40분 동안 그대로 둔다. 다른 용기에 뜨거운 물 150mL와 정제 소다 40g을 넣고 녹인다. 아까 믹서기로 돌렸던 구약나물과 섞어서 틀에 부어 놓고 두 시간 기다린다. 마지막으로 끓는 물에 곤약을 삶으면 완성된다.

곤약과 닮은 식물

[점박이천남성]

같은 천남성과 식물. 산속 등에서 자란다. 잎과 덩이줄기에 모두 독성분이 있다. 드문 경우지만 식중독으로 사망하는 사고도 일어난다.

열매 맺는 방법
땅속의 덩이줄기가 커지면 새끼 곤약이 만들어진다. 이 새끼 곤약을 수확해서 이듬해 봄에 다시 심는다.

밭의 모습
수목처럼 보이지만, 곤약이 성장기에 들어선 밭의 모습이다. 이 잎이 시들면 덩이줄기를 땅에서 파낸다.

당근

미나리과

키우기 쉬워요 ◆◆◆

녹황색 야채의 임금님

카로틴, 비타민, 철분이 많고 영양소도 풍부한
일 년 내내 쓰이는 대표적인 뿌리야채.
당근을 세로로 썰면 대지의 영양을 빨아들이는 관처럼
생긴 잎맥이 보인다.
빛깔도 곱고 저렴해서 웬만한 수프에는 다 들어가고
모양 틀에 찍어 도시락을 꾸미기도 한다.

원산지 아프가니스탄
주요 산지 일본 홋카이도, 지바, 도쿠시마 | 한국 제주 제주시, 경남 밀양, 강원 평창 등
제철 일본 10~12월, 4~7월 | 한국 11~2월
재배법 화분에서 재배 가능하다. 햇볕이 드는 장소에서 키운다. 솎아내는 작업을 한다.
크기 30cm
생육 적정 온도 16~20℃ 이상
식용 부위 뿌리
다른 명칭 홍당무
꽃말 어린 시절의 꿈

당근 CARROT

말은 당근을 좋아하지 않는다?!

당근은 토끼와 말이 제일 좋아하는 먹이라는 이미지가 있다. 토끼 그림에는 당근도 그려져 있고, '말의 코끝에 당근을 매달아 달리게 한다'는 말처럼 동기부여를 부여하는 포상에 비유하기도 한다. 동물원의 먹이 주기 체험에서도 당근이 나온다. 그러나 토끼와 말 대부분은 당근보다 상추나 사과를 좋아한다. 당근은 셀러리, 파슬리, 커민, 고수 등과 같은 미나릿과이며 향이 꽤 강하다. 입맛에 맞지 않으면 토끼나 말도 도망갈 정도다.

당근꽃은 귀엽다! 딱정벌레목 친척들의 레스토랑

당근꽃은 레이스플라워처럼 사랑스럽고 아름답다. 등에나 벌, 난초 사마귀는 물론이고 풍뎅이 같은 딱정벌레목이 당근꽃의 꿀을 먹으러 온다. 등에는 노란색 꽃을 좋아하고, 가까이에 있는 꽃들의 꿀을 모조리 빨아 먹는다. 꿀벌은 분홍색과 보라색 꽃을 좋아한다. 이런 꽃들은 대부분 꿀벌이 수분을 하러 와주길 바라기 때문에, 꽃의 구조가 꿀을 빨기 어렵고 복잡한 경우가 많다. 그에 비해 딱정벌레목은 벌처럼 요령이 좋지도 않고 비행 실력도 서툰

꽃
5~6월. 수확하지 않고 그대로 두면 1m 정도까지 자라며, 하얗고 작은 꽃은 우산 모양이 된다.

씨앗
아주 작고 홀쭉한 타원형이다. 원래는 털이 나 있는데 판매용 씨에는 털이 없다.

잎
얇게 갈라진 작은 잎들이 줄기 양쪽으로 펼쳐진다. 잎은 파슬리처럼 쓰인다.

편이라 저벅저벅 걷는 이미지다. 몸도 무거워서 꽃에 거꾸로 매달려 꿀을 빨다가 밑으로 떨어진다. 그래서 당근꽃처럼 발을 디딜 곳이 있는 꽃을 좋아한다.

돋보기로 보면 재미있는 씨의 신비로움

당근 씨는 아주 작다. 시중에 판매되는 씨에는 털이 없지만, 이 씨를 뿌려서 키우면 꽃에서 털이 있는 씨가 만들어진다. 당근 씨에는 원래 털이 있다. 가을에 난 씨가 쏟아져도 겨울의 추위에 죽지 않게끔, 한동안은 발아가 되지 않도록 털이 있는 것이다. 다만 텃밭 등에 심을 경우, 심었는데 바로 싹이 나지 않으면 난감하기 때문에 일부러 털을 제거하고 팔고 있다. 이처럼 수확한 씨에서는 싹이 나지 않는데, 판매용 씨에서는 싹이 잘 나는 데는 그럴 만한 이유가 있다.

당근 실험을 해 보자

꼭지 부분을 물에 담그고 재배해 보자
요리할 때 썰어 둔 당근 꼭지를 물에 담가두면 잎이 점점 자란다. 무나 순무도 똑같은 방법으로 재배할 수 있다.

당근과 닮은 식물

[미나리]
봄의 일곱 가지 푸성귀 중 하나다. 뿌리가 물에 잠길 정도의 장소를 좋아한다. 논가나 강기슭 등 습지에서 자란다.

[야호나복]
일본 전역에 분포해 있는 잡초다. 당근꽃을 닮은 흰색이나 연한 분홍색의 꽃이 핀다.

열매 맺는 방법
씨를 촘촘하게 뿌리면 성장할 때마다 간격이 벌어진다. 옆에 있는 그루끼리 서로를 지지하기 때문에 생육이 좋아진다.

밭의 모습
본래 제철은 9~12월이지만, 지금은 적절한 기후의 산지로 바뀌어서 일 년 내내 재배하고 있다.

연근

연꽃과

키우기 쉬워요 ◆◇◇

길조를 상징하는 야채의 대명사

구멍으로 앞날을 내다볼 수 있다며 길조를 상징하는 야채.
설음식이나 사찰 요리에 꼭 들어간다.
단순히 야채라고 하기엔 아까울 정도로 신비로운 면이 많다.

원산지 인도, 중국 등 여러 설이 있다
주요 산지 일본 이바라키, 사가, 도쿠시마 | 한국 대구 동구, 경남 함안, 경남 밀양 등
제철 일본 10~2월 | 한국 10월부터 연중
재배법 약 1.62 제곱미터의 공간이 있으면 재배 가능하다. 점토질 토양에 심고 햇볕이 잘 들게 한다.
크기 1~2m
생육 적정 온도 25~30℃
식용 부위 땅속줄기
다른 명칭 연우
꽃말 신성, 웅변, 청아한 마음, 휴양

연근 LOTUS ROOT

연근은 왜 구멍이 있을까?

연근은 한자로 '蓮根'이고 근채류로 분류되는데, 사실 뿌리가 아니라 줄기다. 연근에 있는 구멍은 공기가 통하는 관이다. 그리고 연근은 연못처럼 물을 머금은 진흙 속에서 자란다. 하지만 물속은 산소가 부족해서 수면 위에 있는 잎의 작은 구멍으로 공기를 흡수한 뒤 구멍을 통해 온몸으로 산소를 보낸다. 연근은 진흙 속에서 옆으로 뻗어 나가고, 마디 부분에서는 뿌리가 난다. 중앙에는 작은 구멍이 있고, 이 구멍의 둘레에 대략 아홉 개의 구멍이 나 있다.

연근에 관한 신비로운 이야기

연근은 화석이 발견될 만큼 고대부터 존재한 식물이다. 연근 꽃에서 은은하게 신비로운 분위기가 나는 이유도 이 때문이다. 연근 꽃은 꽃잎도 암술도 수술도 개수가 많다. 하지만 오늘날의 꽃은 효율을 높이기 위해 정말 필요한 만큼만 남겨 두고 없애는 경우가 많다. 식물 입장에서 꽃은 종자를 만들고 자손을 남기는 역할이기 때문에 여기에 에너지를 너무 많이 들여도 가성비가 떨어진다. 연근 꽃이 지면 벌집처럼 생긴 것이 남는데, 이곳에 열매가 난다. 지바현의 오치아이 유적에서 2000년도 더 된 연근 열매가 싹을 틔우고 꽃도 피웠다는 놀라운 뉴스가 보도되

꽃
7~8월에 수면에서 키가 큰 꽃줄기가 올라오고, 직경 30~40cm의 연분홍색에서 흰 색깔의 꽃이 핀다.

씨앗
꽃잎이 떨어진 후 벌집 모양의 녹색 꽃받침(꽃턱)이 나타난다. 구멍 안에 있는 것이 열매다.

잎
땅속줄기가 자라고 동그란 모양의 잎이 나온다. 물을 튕겨내는 특수한 구조여서 진흙 속에서도 잎이 더러워지지 않는다.

기도 했다. 종자가 몇 년씩 잠들어 있는 일도 있기는 하지만, 2000년이라는 긴 세월은 신비로움 그 자체다.

진흙 속에서 자라 진흙에 물들지 않고 땅 위에 아름다운 꽃을 피우다

연근은 진흙 속에서 줄기를 뻗어 올려 진흙투성이가 되지 않고 눈부시게 아름다운 꽃을 피운다. 이른 아침에 꽃이 피고 저녁이 되면 오므리는데, 2~3일 지나면 더 이상 오므리지 않고 꽃잎이 진다. 인간의 선과 악이 혼재하는 이 세상을 나타내는 상징물로서 불교에서는 연근 꽃을 매우 귀하게 여긴다. 불상은 연근 꽃을 본뜬 연화좌(蓮華座)라는 대좌에 앉아 있다. 연근의 구멍으로 앞날을 내다볼 수 있다고 한다. 이런 고맙고도 길조를 상징하는 구멍에 다진 고기며 겨자를 끼워서 먹는다니 차마 눈 뜨고 볼 수가 없다.

열매 맺는 방법
잎은 위에 있고, 진흙 속의 땅속줄기(연근의 식용 부위)는 점점 옆으로 뻗어 나간다.

밭의 모습
4~5월 무렵에 연근 밭에 땅속줄기를 심는다. 노지에서 자란 연근의 제철은 11~2월이다.

연근 실험을 해 보자

연근 구멍을 세어 보자
정말로 아홉 개의 구멍이 빙 둘러싸고 있을까? 간혹 크기가 작은 연근은 구멍이 7개, 큰 연근은 11개인 경우도 있다는데, 대부분은 9개다. 연근을 썰기 전에 "구멍은 9개 있어"라며 예언 놀이도 해 보자.

잎 위에 물방울을 떨어뜨려 보자
연근 잎이 있으면 잎 위에다 물을 떨어뜨려 보자. 물방울이 잎 위에서 덩실덩실 춤을 추는 것 같아 보는 재미가 있다.

연근과 닮은 식물

[수련]
수련꽃은 수면 위에 핀다. 잎에 광택이 있고 잎과 잎 사이가 크게 갈라져 있어 물 위에 떠 있는 것처럼 보인다.

YAM

Dioscorea spp.

참마

마과

| 키우기 쉬워요 ◆◇◇ |

씹지 않고 먹고 있다

밥 먹을 때 꼭꼭 씹어 먹으라고 배웠다.
식이섬유가 풍부한 야채, 하물며 덩이줄기다.
그런데 참마는 잘 씹지도 않고 갈아서
밥에 부은 다음 물처럼 벌컥벌컥 들이킨다.
옛날 사람들은 어지간히 바빴나 보다.

원산지 중국, 일본
주요 산지 일본 홋카이도, 아오모리(나가노) | 한국 경북 안동, 경북 영주, 경남 진주 등
제철 일본 11~12월 | 한국 10~11월
재배법 씨 또는 주아(살눈)를 밭에 심어 키운다.
크기 약 2m
생육 적정 온도 17~30℃
식용 부위 뿌리
다른 명칭 서여, 산우, 산여 등
꽃말 사랑의 탄식, 슬픈 추억, 치료, 강인한 마음

121

참마 YAM

'참마'는 나가이모, 지넨죠 등의 총칭

일본에서는 일반적으로 참마를 '야마이모(ヤマイモ)'라고 하는데, 정식 명칭은 야마노이모(ヤマノイモ)다. 이 외에도 나가이모(ナガイモ), 야마토이모(ヤマトイモ), 지넨죠(自然薯)라고도 불린다. 아무래도 종류가 명확하게 분류된 것 같지만, 사실 각각의 쓰임새는 불분명하다. 일본이 원산지인 야채인데도 일본 사람들 대부분은 명칭의 차이를 잘 모른다. 본래는 중국이 원산지인 나가이모, 야마토이모, 이쵸우이모로 재배되는 종류와 산에서 자생하는 지넨죠를 '참마'라고 했지만, 지금은 모두 일반적으로 '참마'라고 부르는 편이다. 다만 종류에 상관없이 먹는 방식은 비슷하다. 가장 즐겨 해 먹는 방법은 역시 참마를 갈아 만든 '토로로'라는 음식이다.

산속에 있던 시절 그대로의 성질

참마는 흙 속 깊은 곳에서 길게 뻗어 나간다. 땅 위에 있는 부분은 덩굴성이라서 주변에 있는 것을 휘감아 오른다. 산속에서 살려면 이러한 생존 방식이 유리하다. 땅 위에 있는 부분은 야생동물에게 먹힐 위험이 큰 데다, 햇볕이 어디로 내리쬘지 알 수 없다. 햇빛을 따라 꿈틀꿈틀 대며 무언가를 휘감고 위로, 옆으로 뻗어 나가는 것이 상책이다. 덩이줄기는 땅속 깊은 곳에 있어서 땅을 파내서 먹는 것은 쉽지 않다. 이 와중에도 덩이줄기에서는 또 복제품

꽃
7~8월. 암수딴그루(자웅이주)다. 사진에 나온 수꽃은 높은 위치에 있고, 위를 향해 피어나고 꽃가루를 바람에 날려 보낸다. 암꽃은 꽃가루를 잘 받을 수 있게 아래로 처져 있다.

씨앗
씨에는 얇은 막 같은 날개가 달려 있어 바람을 타고 날아간다. 이와는 별개로 덩굴에 작은 덩이줄기 '주아'가 모든 잎에 하나씩 있다.

잎
날씬한 하트형 잎들이 많고 쑥쑥 자라난다. 덩굴성 식물이어서 성장 속도가 빠르다.

을 늘리고 있다. 그런데 참마는 어떻게 영역을 넓히는 걸까?

3중으로 보험을 든 수완 좋은 전략가

참마의 생김새는 수수하고 원시적이며 시골 야채 같다. 그런데 참마는 인상과는 다르게 실력 있는 수완가여서 생존 전략이 3가지나 준비되어 있다. 앞서 설명했다시피 우선 덩이줄기의 끝부분에서 자신의 분신을 늘리는 방법이다. 혹여 동물에 먹히거나 꺾여도 잔여물이 조금이라도 남아 있으면 다시 덩이줄기를 늘릴 수 있다. 땅 위에 있는 덩굴의 끝부분에는 주아가 있다. 이것도 크기만 작지 엄연한 복제품이다. 덩굴이 풀리거나 씨처럼 땅으로 떨어져도 그곳에서 다시 싹이 날 수 있다. 게다가 참마에는 수컷 그루와 암컷 그루가 있다. 바람에 날려 온 꽃가루로 수분한 꽃에서는 날개 달린 씨가 멀리 날아간다. 이 씨는 다른 개체와 교배한 새끼이므로 부모와 다른 특성을 가진다. 부모 자식이 한 장소를 두고 영역 다툼을 벌일 바에는 멀리 떨어진 곳에서 새끼가 활약하는 것이 좋은 방법이다.

참마 실험을 해 보자

토로로를 만들어 보자
절구로 참마를 갈아서 토로로를 만들어 보자. 토로로의 끈끈한 위력에 놀라게 된다. 덩이줄기는 종류별로 끈기가 다르다.

열매 맺는 방법
지하 1m 정도의 깊이에 가늘고 긴 덩이줄기가 있다. 땅 위에 있는 주아도 먹을 수 있다.

밭의 모습
제철은 11~12월이다. 재배하려면 어느 정도 면적과 깊이가 있는 밭이 필요하다. 저장해 둔 참마가 일 년 내내 출하된다.

참마와 닮은 식물

[도코로마]
지넨죠(自然薯)와 같은 곳에서 자라고 독이 있다. 잎도 꽃도 비슷하게 생겼지만, 덩이줄기에서 굵고 긴 수염이 많이 나고 가을이 되어도 덩굴에 주아가 생기지 않는다.

SPINACH
Spinacia oleracea

시금치

비름과

키우기 쉬워요 ◆◆◇

야채 중에서 철분이 가장 많다

시금치는 철분이 많고 철분의 흡수를 돕는 비타민 C도 풍부하다.
카로틴, 비타민 B1, 비타민 B2, 엽산, 식이섬유도 풍부하다.
안 먹을 이유가 없잖아?
어른들은 이렇게 생각하지만 아이들은 어디에나 있는
풀이라고 생각하나 보다.

원산지 서아시아
주요 산지 일본 사이타마, 군마, 지바, 이바라키 | 한국 경기 남양주, 경북 포항, 경남 고성 등
제철 일본 11~2월 | 한국 11~3월
재배법 화분에서 재배 가능하다. 햇볕이 들지만 한나절은 그늘이 지는 장소에서 키운다.
크기 약 20~30cm
생육 적정 온도 15~20℃
식용 부위 잎
다른 명칭 파채, 적근채
꽃말 활력, 건강

시금치 SPINACH

'잡초처럼 생겼다'는 아이들 말에 일리가 있다

시금치는 비름과다. 그런데 비름과는 무엇일까? 이 비름과에 속하는 식물은 대부분 잡초다. 그런데 다른 과(科)에 있는 민들레 잎사귀와 얼핏 굉장히 닮았다. 또 시금치는 로제트(rosette, 방사형으로 펼쳐지는 잎사귀) 형태다. 겨울에 잎이 펼쳐져 땅에 붙은 것처럼 퍼지는 느낌도 민들레와 비슷하다. 평소에 민들레를 따서 노는 아이의 눈에는 바깥에 흔하게 널린 잎이라고 생각할 수도 있다.

왜 야채를 먹어야 할까?

시금치 이야기를 하면 나이가 들통난다. 영양도 풍부하고 몸에도 좋다고 아무리 말해도 아이들은 안 먹겠다고 버틴다. "시금치를 먹어야 뽀빠이처럼 힘이 세져" 라는 설득에 돌아오는 말은 "뽀빠이? 그게 누군데?"다. 그런데 왜 야채를 먹어야 할까? 비타민과 철분이 필요하면 영양 보조제를 먹으면 되고 야채 주스를 마셔도 된다. 더구나 인간이 살아가는 데 필요한 3대 영양소는 단백질, 지방, 탄수화물이라고 학교에서도 배웠다. 그렇다면 왜 야채를 먹어야 하는 걸까? 요컨대 '면역력이 강해지기' 때문이다. 야채는 하루가 멀다 하고 여러 균과 바이러스의 침략을

꽃
4~6월. 자웅이주(암수딴그루)다. 암꽃은 날씬한 암술대가 도드라지고, 수꽃은 둥근 알맹이가 모여 원뿔 모양이 되었다.

씨앗
동양종 씨는 사진에 나온 것처럼 가시같이 뾰족하다. 서양종 씨는 거의 둥글다.

잎
동양종은 잎끝이 뾰족하고 어긋나 있다. 서양종은 잎의 폭이 넓고 둥그스름하다.

받기 때문에 생존을 위해 저항력을 키웠다. 한방약 재료가 대부분 식물인 이유도 이 때문이다. 식물은 신체를 자극해서 나쁜 물질을 몸 밖으로 배출시키는 데 도움을 주는 능력이 높다. 풍부한 식이섬유는 장 청소도 해준다. 장은 면역력 강화에도 스트레스에도 깊은 관련이 있다.

성별도 출신도 구별하지 않는다

시금치는 수그루와 암그루가 따로 있다. 이런 야채는 의외로 많지 않다. 야채는 대부분 하나의 그루에 암수가 함께 있다. 그리고 시금치는 일본의 종과 서양의 종을 구분 없이 판매된다. 잎 모양이 둥글면 서양종이고 들쭉날쭉하면 동양종이다. 아마 둘을 구분하지 않는 이유는 무침이든, 버터로 볶고 나면 원래의 형태는 무의미해지기 때문이다.

시금치 실험을 해 보자

잎사귀를 관찰한다
마트에서 사 온 시금치가 서양종인지 동양종인지 비교해 보자.

시금치와 닮은 식물

[소송채]
시금치처럼 겨울이 제철인 잎야채다. 시금치보다 줄기가 길다. 십자화과다.

[민들레 잎]
꽃이 피면 완전히 다르지만, 잎사귀만 놓고 보면 굉장히 닮았다. 실제로 민들레 잎은 식용으로 먹는다.

열매 맺는 방법
겨울을 난 시금치다. 잎이 벌어져서 로제트 형태가 되었다. 이런 방식으로 잎의 손상을 줄인다.

밭의 모습
일 년 내내 출하하고 있지만, 본래의 제철은 12~2월이다. 대부분 시트를 덮어 놓고 키운다.

BROCCOLI

Brassica oleracea var. italica

브로콜리

십자화과

| 키우기 쉬워요 ◆◆◇ |

도시락에서 녹색을 담당하는 에이스

도시락에 녹색을 더 넣어야겠어.
이 하나의 목적을 위해 브로콜리를 사는 사람도 있다.
파슬리는 장식용이라 먹을 수 없고 시금치랑 피망은
아이들이 싫어하고 양배추랑 풋콩은 색이 연하다.
브로콜리는 보기에도 좋고 마요네즈만 있으면 된다.
활용도가 높아 스테디셀러가 되었다.

원산지 지중해 동부
주요 산지 일본 홋카이도, 아이치, 가가와, 사이타마 | 한국 제주, 강원 횡성, 충북 제천 등
제철 일본 11~3월 | 한국 11~4월
재배법 화분에서 재배 가능하다. 햇볕이 드는 장소에 모종을 심어 키운다.
크기 70~80cm
생육 적정 온도 15~20℃
식용 부위 꽃줄기, 꽃봉오리
다른 명칭 녹색꽃양배추
꽃말 작은 행복

브로콜리 BROCCOLI

브로콜리는 양배추의 한 종류다

매일 도시락을 만드는 사람에게 브로콜리는 녹색 담당자다. 작은 송이를 떼어내 도시락에 넣는다. 진한 녹색이고, 빨리 익는 편이라 데치면 색이 조금 선명해진다. 도시락에 브로콜리를 넣으면 구색 갖추기에도 좋다. 쓴맛도 없어서 아이들도 잘 먹는다. 이렇게 먹기 편한 브로콜리의 조상은 먹기 불편하기로 유명한 케일이다. 인간은 오랜 역사 속에서 케일을 개량하여 다양한 야채를 만들어 냈다. 양배추의 조상도 케일이다. 학명으로 보면 양배추도 브로콜리도 둘 다 'Brassica oleracea'이다. 우리 눈에는 전혀 다르지만, 브로콜리는 양배추와 같은 종으로 분류된다.

왜 울퉁불퉁할까?

브로콜리를 돋보기로 확대해서 보면 의외로 재밌는 구석이 있다. 표면이 울퉁불퉁해서 왠지 신기하다. 이 울퉁불퉁한 것의 정체를 알고 싶다면 창가에 며칠 동안 두어 보자. 이내 브로콜리는 연한 노란색으로 변하기 시작한다. 녹색이 시들어 갈색이 되려는 과정이 아니라, 작은 꽃이 피려는 순간이다. 양배추꽃이 노랗다고 앞에서 설명했는데, 브로콜리에서도 양배추꽃과 비슷한 노란색 꽃이 핀다. 즉 울퉁불퉁한 것의 정체는 꽃봉오리다. 같은 십자화과

꽃

4~5월. 꽃의 생김새는 양배추와 똑같이 생겼지만, 브로콜리가 꽃이 더 많다.

씨앗

날씬한 꼬투리에 동그란 씨가 들어 있다. 다른 십자화과 야채와 비슷하게 생겼다.

잎

우리가 먹는 브로콜리는 중앙에 있다. 커다란 잎으로 햇빛을 흡수해 영양분을 공급한다.

지만 우리는 양배추의 둥근 잎을 먹고 브로콜리는 꽃봉오리를 먹는다.

형제지간인 콜리플라워는 알비노

브로콜리의 닮은 꼴에 콜리플라워가 있다. 콜리플라워는 브로콜리의 돌연변이다. 우연히 하얗게 알비노가 된 브로콜리를 콜리플라워라는 품종으로 분류해 재배하기 시작했다. 콜리플라워는 유럽이나 인도, 중국 등에서는 자주 먹는 야채지만, 일본에서는 브로콜리만큼 소비가 많지 않다. 일본의 독특한 도시락 문화와 색깔 배합에 정성을 들이는 식문화와 관련 있는지도 모른다. 게다가 콜리플라워는 꽃봉오리가 유착되어서 브로콜리처럼 울퉁불퉁한 것이 보이지 않는다. 야채 같다는 느낌이 들지 않아서 손이 잘 가지 않는 것일 수도 있다. 같은 부모를 둔 형제인데 식탁에 오르는 빈도가 이렇게나 다르다니 놀랄 노 자다.

브로콜리 실험을 해 보자

DNA를 추출하는 실험

절구로 으깬 소량의 브로콜리에 물 100ml, 소금 작은 스푼으로 1.5숟갈, 주방용 세제 작은 스푼으로 1.5숟갈을 섞은 액체를, 스포이트를 이용해 4번에 걸쳐 넣고 섞는다. 커피 필터로 걸러낸 액체에 같은 양의 에탄올을 떨어뜨리면 브로콜리의 DNA가 위로 떠오른다.

브로콜리와 닮은 식물

[콜리플라워]

알비노 브로콜리. 원래는 같은 야채이므로 잎과 꽃의 특징이 동일하다.

[로마네스코 브로콜리]

콜리플라워의 한 종류. 독특하게 생긴 뾰족한 꽃봉오리가 특징이다.

열매 맺는 방법

잎 안쪽의 줄기 끝부분으로 꽃봉오리가 모여서 나중에 커다랗게 자란다.

밭의 모습

제철은 11~2월. 따뜻해지면 꽃이 피기 때문에, 겨울이 아닌 계절에는 서늘한 곳에서 재배한다.

JAPANESE RADISH

Raphanus sativus var. hortensis

무

십자화과

키우기 쉬워요 ◆◆◆

세계에서 가장 오래된 야채 중 하나

굵은 다리를 '무다리'라고 놀리거나
봄의 일곱 가지 나물 중 하나라 익숙해서일까.
무는 일본의 야채 같다.
하지만 무는 고대 이집트에서도 재배되었던
세계에서 가장 오래된 야채 중 하나다.

원산지 지중해 연안, 중앙아시아 등 여러 설이 있다
주요 산지 일본 홋카이도, 지바, 아오모리 | 한국 전북 고창, 강원 평창, 강원 홍천, 제주 등
제철 일본 12~2월 | 한국 10~12월
재배법 햇볕이 드는 밭에 씨를 심어 키운다. 화분에 키우는 경우에는 크고 깊은 화분을 이용하면 재배할 수 있다.
크기 약 30cm
생육 적정 온도 15~20℃
식용 부위 싹, 잎, 줄기, 뿌리
다른 명칭 무, 무시
꽃말 결백, 적응력

무 JAPANESE RADISH

일본에서 엄청난 인기를 끈 야채

무를 떠올리면, 방어 무조림, 구운 생선에 곁들이는 무즙 또는 무말랭이 등 일본 요리의 이미지가 굉장히 강하다. 그러나 무는 일본에서 저 멀리 떨어진 지중해 연안에서 태어났다. 이쯤이면 알아차린 사람도 있겠지만, 일본에서 태어난 야채는 거의 없다. 무, 파, 가지, 오이, 연근 등 일본적인 느낌이 물씬 나는 야채도 모두 외국 출신이다. 우엉조차 외국에서 건너왔다. 그렇다면 아주 먼 옛날 일본인은 무엇으로 식이섬유를 섭취했나 보면, 주로 미나리, 파드득나물, 머위, 땅두릅, 와사비 등의 산나물이다. 지금은 외국에서 온 야채를 주로 먹고 있지만, 무는 일본에서 독자적으로 진화해 왔다. 유럽의 무는 우리가 아는 무처럼 작은 크기의 종류가 많고, 일본에는 품종을 다양화시켜 세계에서 가장 무거운 '사쿠라지마 무'와 세계에서 가장 긴 '모리구치 무'를 만들었다. 무는 일본 요리와 궁합이 좋아 일본에서 큰 인기를 끌었다.

싹부터 잎과 뿌리까지 남김없이 먹는다

무순은 무의 아기다. 이제 막 씨에서 싹이 난 떡잎. 이 얇고 긴 부분이 자라서 무가 되다니 참 믿기 어렵다. 일본에서 무는 한자로 大根(큰 대, 뿌리 근)인데, 그 이름 그대로 무는 큰 뿌리다. 그러나 무도 파처럼 윗부분이 약간 녹

꽃
4~5월. 꽃잎은 네 장 있고 직경이 약 2cm인 십자형이다. 꽃 색깔은 연한 보라색부터 흰색 이다.

씨앗
꽃이 지고 열매가 나면 한 개의 꼬투리에 4~5 알이 들어 있다. 다른 십자화과 식물에 비해 꼬 투리의 허리가 잘록하다.

잎
큼직하고 들쭉날쭉하며 부드럽다. 잎도 잘게 썰어서 먹을 수 있다.

색이다. 땅 위로 나온 부분이 녹색이 된 것이다. 무는 뿌리와 줄기가 한 몸이다. 잎도 잘게 썰어서 먹고 있으니 남김없이 전부 먹는 셈이다.

부정적인 비유로 많이 쓰이지만…

일본에서는 연기가 서툰 배우를 '다이콘야쿠샤(大根役者. 大根은 무, 役者는 연기자를 뜻한다-옮긴 이)'라고 한다. 에도 시대, 무는 소화가 잘 되는 음식이므로 '웬만해서는 체하지 않는다'는 점 때문에 흥행이 저조한 연기자에 비유했다고 한다(일본어의 동음이의어를 이용한 비유. 체하지 않는다와 인기가 없다는 모두 일본어로 아타라나이라고 하는데 배우가 연기를 못 해서 마음에 와닿지도 않고 사람들에게도 인기가 없다는 의미로 사용됨-옮긴 이). 다르게 말하면, 그만큼 위장에 부담이 없는 음식으로서 서민들에게 사랑받았다는 증거다. 무는 색깔이 하얀 것이 특징이다. 일본의 신화가 기록된 역사서 고지키(古事記)에서는 무를 살갗이 새하얀 아리따운 여성의 팔에 비유했다. 십자화과 야채의 꽃 색깔은 대부분 노란색인데, 무는 꽃도 하얀색이다. 다음에 '무다리'라는 말을 듣게 되면 '고맙다' 하고 웃음으로 되받아치자.

무 실험을 해 보자

무순을 키워 보자
마트에서 팔고 있는 무순을 키우면 과연 어떻게 될까? 새싹을 먹으려고 여러 차례 품종 개량을 했기 때문에 크게 자라지는 않는다. 대신 조금 작은 무가 자란다.

무와 닮은 식물

[순무]
밭에 있을 때는 무와 굉장히 닮았지만 순무의 꽃은 노란색이다. 모양도 동그랗다.

열매 맺는 방법
싹이 움트는 시기. 이것이 무순이다. 이 무순에서 커다란 무로 성장한다.

밭의 모습
땅 위로 얼굴을 살짝 내민다. 밭을 잘 갈아놓지 않으면 뿌리가 자라는 도중에 가지를 친다.

TURNIP

Brassica rapa var. glabra

순무

십자화과

키우기 쉬워요 ◆◆◆

무와 생판 남이다

얼핏 보면 작게 생긴 무. 하지만 꽃의 생김새도 먹는 부위도 다르다.
천천히 음미해 보면 맛도 다른데 어떤 영문인지
다들 무의 종류 중 하나라고 생각한다.
조금 안타까운 야채다.

원산지 아프가니스탄
주요 산지 일본 지바, 사이타마 | 한국 인천 강화, 충남 부여 등
제철 일본 11~1월 | 한국 9~10월
재배법 햇볕이 드는 밭에 씨를 심어 키운다. 화분에서 키우는 경우에는 크고 깊은 화분을 이용하면 재배가 가능하다.
크기 약 30cm
생육 적정 온도 15~20℃
식용 부위 잎, 씨눈줄기
다른 명칭 순무우
꽃말 자애

순무 TURNIP

의외로 쑥 뽑힌다?

순무가 등장하는 유명한 동화가 있다. 《커다란 순무》를 읽어본 적이 있을까? 할아버지와 할머니가 순무를 뽑으려는데 잘되지 않자 점점 도와주는 사람이 늘어나 결국 동물들도 와서 도와주었다는 이야기다. 평소의 이미지며, 통통하게 살찐 몸통을 보고 흙에서 잘 뽑히지 않으리라 생각한 것이다. 그런데 순무는 아주 쉽게 뽑힌다. 순무의 둥근 부분이 흙 위로 거의 다 나와 있기 때문이다. 흙 속에 묻혀 있다는 이미지가 강해서일까, 밭에 온전히 드러난 순무의 모습이 조금 어색하긴 하다.

우리가 먹는 부위는 뿌리가 아니다

순무를 무라고 착각하는 경우가 많다. 잎사귀는 비슷하게 생겼지만, 무의 몸통이 더 굵고 길다. 반대로 순무는 둥글다. 아무래도 크기나 식탁에 오르는 빈도 때문인지, 순무를 무의 동생이라고 생각하기 쉽다. 하지만 역사적으로 보면 순무가 무보다 선배다. 그리고 결정적으로 식용 부위가 다르다. 무는 대개 흙 속에 묻힌 뿌리를 먹는데, 순무는 씨눈줄기라는 줄기 같은 부분을 먹는다. 순무의 둥그런 부분은 흙 위로 나와 있고, 흙 속에는 길고 가늘어서 힘없는 뿌리밖에 없다. 그래서 순무를 당기면 바로 빠진다. 또 씨를 심고 수확할 때까지의 기간이 무보다 빠르다. 생

꽃
3~5월. 네 장의 노란색 꽃잎이 있다. 유채꽃과 구분되지 않을 만큼 닮았다.

씨앗
유채꽃처럼 꽃이 진 자리에 꼬투리가 생기고, 안에는 작은 씨들이 줄서 있다.

잎
잎의 가장자리가 조금 들쭉날쭉하다. 부드러워서 먹기 편하다.

으로 먹어 보면 알겠지만, 순무가 더 단맛이 돌고 밀도가 있어서 부드럽다. 꽃의 색깔도 다르다. 무꽃은 하얀색이지만 순무꽃은 유채꽃 같은 노란색이다.

전해 내려오는 순무의 미스터리

일본의 관동 지역에서는 파의 흰 부분을, 관서 지역에서는 파의 초록 부분을 먹는 것처럼 일본 안에서도 동쪽과 서쪽의 식문화가 다르다. 관동 지역과 관서 지역에서는 순무의 품종과 계통이 다르다고 한다. 중국을 거쳐 일본에 들어온 '아시아형' 순무는 주로 일본 서쪽 지역에서 재배된다. 반면 '유럽형' 순무는 동쪽 지역에서 재배된다. 그런데 중국에는 이 유럽형 순무가 없다. 아주 오래전 시베리아를 경유해 일본으로 들어왔다고 추측하고 있지만, 아직 확실하지 않아서 작은 미스터리로 남아 있다.

순무 실험을 해 보자

순무 절임을 만든다

순무를 잘게 썰어서(잎도 조금 넣는다) 비닐봉지에 넣고, 식초 큰 스푼으로 2숟갈, 설탕 작은 스푼으로 2숟갈, 소금 작은 스푼으로 1숟갈 넣어 가볍게 비비면 절임이 완성된다. 15분 뒤에 먹으면 된다.

순무와 닮은 식물

[순무양배추(콜라비)]
순무와 같은 십자화과 야채. 식용 부위에서도 잎이 나고 순무보다 단단하다.

[래디시]
작고 붉은 순무처럼 보이지만 사실 무의 친척이다. 매운맛이 강하다.

열매 맺는 방법
몸통 대부분이 땅 위로 나와 있다. 가늘었던 씨눈줄기가 굵어진다.

밭의 모습
작은 순무는 화분에서도 충분히 수확할 수 있다. 재배하기 쉬워서 텃밭에서 키우기에 적합하다.

GARLAND CHRYSANTHEMUM

Glebionis coronaria

쑥갓

국화과

키우기 쉬워요 ◆◆◆

쓴맛이 개성인 국화 잎사귀

쑥갓은 호불호가 있는 야채다. 전골 요리니까 당연히 넣어야지! 하는 사람이 있는가 하면, 쓴맛 나니까 안 넣을 거야! 하는 사람도 있다. 쑥갓은 독특한 아린 맛이 특징이다.
쓴맛을 없애면 사람들이 사지 않겠지.

원산지 지중해 연안
주요 산지 일본 지바, 오사카, 이바라키 | 한국 경기 고양, 전북 정읍, 전남 여수 등
제철 일본 11~2월 | 한국 연중
재배법 화분에서 재배 가능하다. 씨를 심어 키운다. 재배 초보자도 키울 수 있다.
크기 30cm
생육 적정 온도 15~20℃
식용 부위 잎
다른 명칭 춘국
꽃말 소중히 간직하다, 풍부

쑥갓 GARLAND CHRYSANTHEMUM

'춘국(春菊)'인데 왜 겨울 야채일까?

쑥갓은 한자로 '春菊(봄 춘, 국화 국)'이다. 그 이름대로 쑥갓은 봄에 핀다. 식물들 대부분은 꽃을 피워내 곤충을 유인하고 씨를 묻히는 것이 목표다. 꽃을 피울 때까지 에너지가 많이 소모되기 때문에 다른 부분은 시들거나 맛이 떨어진다. 쑥갓도 마찬가지로 봄에 꽃이 필 무렵에는 잎이 딱딱해지고 맛도 별로여서 먹지 못한다. 그래서 꽃이 피기 전 겨울에 잎과 줄기를 수확하므로 쑥갓은 겨울 야채다.

다른 국화꽃도 먹을 수 있다?

쑥갓을 먹는 나라는 주로 일본이나 중국, 한국 등 동아시아다. 다른 나라에서는 관상용으로 키운다. 쑥갓꽃은 시중에 판매되는 국화 못지않게 사랑스럽다. 일본에서는 생선회 위에 국화꽃을 얹기도 하고 식용으로 재배되기도 한다. 다만 독이 있는 국화꽃도 있으므로 아무리 꽃이 닮았다고 해도 한 번 더 봐야 한다.

꽃
4~5월. 거베라를 축소해 놓은 것 같은 귀여운 꽃이 핀다. 노란색 한 가지 또는 두 가지 색이 있다.

씨앗
작은 꽃에 씨가 한 알씩 만들어진다. 쑥갓 한 그루에서 수백 개의 씨가 태어난다.

잎
들쭉날쭉한 잎사귀가 특징이다. 잎의 뒷면에는 잎맥이 튀어나와 있고 만지면 거칠다.

작은 꽃들을 하나로 보이게 만드는 대작전

쑥갓꽃을 자세히 보면 작은 꽃들이 모여 있다. 꽃잎은 어디까지나 눈에 띄기 위한 신호고, 안쪽에 있는 노란색 부분도 작은 꽃들의 집합체. 이러한 꽃의 구조는 우리 주변에도 많이 있다. 코스모스나 해바라기도 꽃이 하나인 것처럼 보이지만 중심부는 꽃들의 집합체다. 해바라기 등의 씨가 가운데에 빼곡하게 모여 있다는 것이 그 증거다. 국화과의 꽃은 가장 진화한 꽃의 형태라고 한다. 참고로 민들레처럼 솜털이 씨를 하나씩 안고 날아가는 것도 그러하다. 줄기에서 꽃이 한 송이만 핀 것처럼 보이지만, 사실 작은 꽃들이 밀집해 있어서 커다란 꽃 한 송이로 보이는 것이다. 왜 이런 구조인 걸까? 바로 곤충을 오래 부를 수 있기 때문이다. 오크라처럼 큰 꽃을 피우기에는 에너지가 필요하고 꽃이 오래 피어 있기란 어렵다. 하지만 작은 꽃들이 많으면 시간차를 두고 피고 시들기 때문에 꽃 전체의 가치가 지속된다. 꽃이 많으면 씨도 많이 생긴다. 그만큼 자손을 남길 기회가 많아진다는 이야기다. 지금 문제시되고 있는 외래 식물 중 국화과 식물이 많은 이유도 결국 이 작전이 성공했기 때문이다.

열매 맺는 방법
갓 돋아난 새로운 잎. 쑥갓은 잎을 따는 경우와 뿌리째로 뽑는 경우가 있다.

밭의 모습
제철은 12월부터 4월까지. 해충(진딧물, 굴파리 등)이 잘 들러붙으니 커버를 씌운다.

쑥갓 실험을 해 보자

잎사귀 모양을 그려 보자

쑥갓은 전형적인 잎사귀 모양이다. 그림을 그리거나 종이를 반으로 잘라서 모양을 만들다 보면 잎의 모양을 완벽하게 구현할 수 있다. 도자기 공예를 할 때 그림에 넣어도 귀엽다.

쑥갓과 닮은 식물

[마거리트]
관상용 국화과 꽃. 일본명이 '목춘국(木春菊)'인 이유는 꽃이나 잎이 쑥갓과 닮았고, 일부는 목질화를 하기 때문이다.

왜 야채를 먹을까?

최근에는 영양 보조제나 야채 주스 같은 상품들이 많이 나와 있다. 이제 생야채는 먹지 않아도 된다는 분위기다. 그런데도 야채를 꼭 먹어야 할 이유가 있을까? 앞에서도 설명했지만 우리의 생명을 유지하는 데 필요한 영양소는 단백질, 지방, 탄수화물 세 가지다. 단백질이란 육류나 생선, 지방은 기름, 탄수화물은 밥이나 빵 등을 말한다. 자동차로 비유했을 때, 단백질이 자동차 부품이면 탄수화물과 지방은 엔진 역할을 한다. 물론 이것만으로도 자동차는 달릴 수 있다. 하지만 엔진이 고장 나지 않게 하는 부품이나 배터리, 냉각기 등 다양한 것들이 필요하다. 야채는 근육이 붙는 음식은 아니지만, 혈액 순환을 좋게 하고 위장의 상태를 편안하게 하는 등 몸의 컨디션이 무너지지 않게 하려면 필요하다. 꼭꼭 씹어 먹는 행위도 매우 중요하다. 우리의 조상인 원숭이는 야채를 먹지 않았다. 아직 원숭이의 얼굴 생김새가 생쥐나 여우의 얼굴 생김새와 비슷했을 때의 이야기다. 이때의 원숭이는 아직 야행성이어서 곤충을 먹고 살았다. 숲이 넓어지자 원숭이들은 공격을 피할 수 있는 숲속 깊은 곳으로 들어가 활동하게 되었고, 나무 위에서 나무 열매와 과실을 먹기 시작했다. 그런데 과실만 먹고 살던 원숭이의 몸이 비타민 C를 만들지 못하는 몸으로 변하고 말았다. 그리고 마침내 우리 인간의 조상이 태어나 나무뿌리나 잎을 먹기 시작하고, 두 발로 걷게 되고, 도구를 사용할 수 있게 되었다고 한다.

야채 주스가 몸에 좋은 것은 맞지만 그 안에는 당분도 많다. 또 영양 보조제로 얻는 비타민의 양이 식물을 섭취해서 얻는 양보다 지나치게 많다는 문제도 있다. 인간은 저작 행위를 함으로써 정신이 안정되고, 뇌와 장기가 활발하게 움직인다. 그래서 인간은 야채를 먹는 것이다.

마지막으로

옛날 오이와 토마토가 먹고 싶다는 사람이 있다. 또 요즘 야채는 맛이 변했다는 사람도 있다. 이 말이 정말일까?

옛날과 오늘을 비교하면 실제로 야채의 맛은 많이 달라졌다.

알기 쉬운 예시로 오이와 토마토가 있다. 오이가 만들어 내는 블룸(Bloom)이라는 흰 액체는 농약이라는 오해를 받았다. 그래서 블룸이 나오지 않는 오이로 개량되면서 맛이 예전보다 떨어졌다.

요즘 토마토는 모두 붉은색에 굉장히 먹기 편하고 달다. 고당도 토마토 중에는 과일보다 당도가 높은 종류도 있다. 마트에서는 누가 더 단맛 나는 토마토인지 경쟁이라도 벌이듯 당도를 표기한다. 단맛이 강할수록 잘 팔리고 더 비싸게 팔린다면, 농가에서도 모두 당도에 매달릴 수밖에 없게 된다. 그래서 예전같이 풋토마토는 잘 팔리지 않는다.

그런데 야채에게 '단맛'을 요구하는 게 맞는 걸까? 과일의 단맛이 좋다면 차라리 과일을 먹고, 아니면 조리 과정에서 설탕을 넣으면 될 일이다. 그런데 어떤 영문인지 '쓴맛'과 '신맛'은 평가 대상에조차 오르지 못하고 '단맛'만이 평가를 받고 있다.

단맛이 나게 한다는 것은 야채 본연의 쓴맛과 신맛을 억제하는 것이다. 본래 여러 영양소를 섭취하고 다양한 맛을 느끼기 위해 야채를 섭취하는 것인데, 너나 할 것 없이 모든 야채에서 단맛이 나면 야채의 맛은 전부 똑같아질 것이다. 잠시 다른 이야기를 하자면, 요즘의 교육에서도 이와 유사한 문제점을 느끼고 있다. 수학이나 국어 등 소위 시험에 나오는 과목만 공부하고, 시험 점수가 높은 아이만 평가받는 구조 말이다. 체육이나 음악, 만들기를 잘하는 아이도 똑같이 평가받을 수 있는 사회가 되길 바란다. 야채도 단맛만 평가될 게 아니라, 쓴맛과 신맛이 지금보다 더 평가받아야 한다고 생각한다. 그 맛이 그 야채만의 개성이다. 공부 잘하는 사람만 있다고 사회가 굴러가는 것은 아니다. 울퉁불퉁하게, 저마다 잘하는 분야가 다르기 때문에 내게 없는 것을 원하고, 그렇기에 서로를 도울 수 있다.

'옛날 토마토가 더 맛있었다'는 말이 나온 것은, 토마토가 아직 무르익기 전이라 알싸한 맛이 나서 그렇다. 그 시절의 토마토를 지금 맛본다면 분명 신선한 느낌일 것이다. 사람도 부드럽기만 한 사람보다 약간 톡 쏘아대고 복잡한 구석이 있는 사람이 어딘가 깊이도 있고 흥미로워 보이지 않는가?

보태니컬 아트와 함께하는
야채의 이름

2025년 8월 15일 1판 1쇄 인쇄
2025년 8월 30일 1판 1쇄 발행

감수 이나가키 히데히로
그림 산탄 에이지 **옮긴이** 명다인

발행인 황민호 **본부장** 박정훈 **책임편집** 김선림
편집기획 신주식 최경민 윤혜림
마케팅 이승아 **국제판권** 이주은 김연
제작 최택순 성시원

디자인 ALL
발행처 대원씨아이(주)
주소 서울특별시 용산구 한강대로 15길 9-12
전화 (02) 2071-2017 **팩스** (02) 797-1023
등록 제3-563호 **등록일자** 1992년 5월 11일

www.dwci.co.kr
ISBN 979-11-423-2630-1(03480)

* 이 책은 대원씨아이㈜와 저작권자의 계약에 의해 출판된 것이므로, 무단 전재 및 유포, 공유, 복제를 금합니다.
* 이 책 내용의 전부 또는 일부를 이용하려면 반드시 저작권자와 대원씨아이(주)의 서면동의를 받아야 합니다.
* 잘못 만들어진 책은 판매처에서 교환해 드립니다.